JN112713

わかさぎを読む

増田賢嗣 編

生物研究社

はじめに

ワカサギを食べたことがありますか?

　ワカサギといえば、高原の湖で氷に穴をあけて釣る魚。そんなイメージを持っている人も多いのではないでしょうか。その通りで、ワカサギの穴釣りは北国の冬の風物詩となっています。でもそれだけではありません。ワカサギは意外に身近にいます。ワカサギは北海道から九州まで、各地で釣ることができるのです。

　ワカサギ釣りは超簡単。道具はレンタルでも十分です。そして華奢で可憐な"湖の妖精"ことワカサギは、子どもでも難なく釣り上げることができます。かと思うと専用の道具を駆使して釣りまくる熟練者もいます。ワカサギ釣り場には、かわいい盛りの子どもから、風格漂う老釣り師、快活な青年など、さまざまな人が現れます。若い女性のグループや、第二の人生を満喫する老夫婦なども、さほど珍しくありません。まさに老若男女を問わず、誰でも楽しめるのがワカサギ釣りなのです。

　ワカサギの魅力は釣りだけではありません。むしろ釣った後にこそ本番のお楽しみが待っています。ワカサギを揚げ物にすれば、これがまた絶品です。しかもワカサギは前処理が不要。捌かずにそのまま料理すればいいのです。骨も皮も全く気になりません。

お詫びと訂正

「わかさぎを読む」の内容に誤りがありましたので、お詫びの上、以下のように訂正させていただきます。

記

● 31頁　12～13行目

誤　（写真6）[54)]

正　（写真9）[54)]

以上

株式会社 生物研究社

内臓を落とす必要もありません。なぜそれが可能なのか、それは本書を読み進めるうちにおわかりいただけると思います。

ところがスーパーマーケットでワカサギを買おうとすると、意外に大変です。産地でもなければワカサギがあったとしても佃煮がほとんどです。ワカサギの佃煮もまた見逃せない逸品ではありますが、鮮魚を購入して腕を振るうことができないのは残念なところです。それはなぜなのでしょうか。

誰でも釣れて、料理は簡単。食べれば絶品。全国に分布する身近な魚であり、それでいて簡単には買えない幻の魚、ワカサギ。そんな魚がこの世には存在するのだということを、ぜひ読者の皆様に知ってほしいと思います。もし興味が湧いてきたら、ぜひ食べてみてください。おいしいと思っていただけたら、ぜひ湖上のひとときを楽しみにいらしてください。

そのようにして、どうかワカサギが読者の皆様の人生に添えられる印象的な彩りのひとつになりますように。

増田賢嗣

1章 ワカサギの生物学 ～ワカサギを愛でる

2章 ワカサギの文化
〜ワカサギを楽しむ

3章 ワカサギの釣り
～ワカサギを楽しむ

ワカサギの遊漁科学

ワカサギの増殖技術

ワカサギの資源管理

4章 各地のワカサギ
〜身近なワカサギ

5章 これからのワカサギ
〜現状と将来

Chapter

ワカサギの生物学

～ワカサギを愛でる

ワカサギの生態

浅見大樹

皆さんはワカサギと聞いて何を連想しますか。湖の魚、冬の風物誌として湖に張った氷に穴を開けて釣る魚などでしょうか。いずれにしても、淡水域の魚と思われている方が多いかもしれません。実は、ワカサギはサケの仲間で、淡水域で生まれて海で育ち、産卵のために再び淡水域に戻って来る、川と海を往来する『遡河回遊魚』です。ワカサギが淡水域にも分布しているのは、古くから全国各地の湖沼に放流されたこと、ワカサギが環境への強い適応力を持つためと考えられています。一般に、ワカサギの寿命は一年とされ、これが年魚と呼ばれる理由です。北海道の東側、オホーツク海に面した網走市には4つの汽水湖[※1]があります（図1）。この中の一つの湖、網走湖のワカサギ漁獲量は全国でも必ず上位にランクすることで知られています。私は、この網走湖で特にワカサギの仔稚魚期[※2]を中心にその分布・摂餌生態[※3]、降海[※4]や資源変動などの要因（ワカサギの資源が増えたり減ったりする理由として考えられること）を研究してきました[1]。何故、仔稚

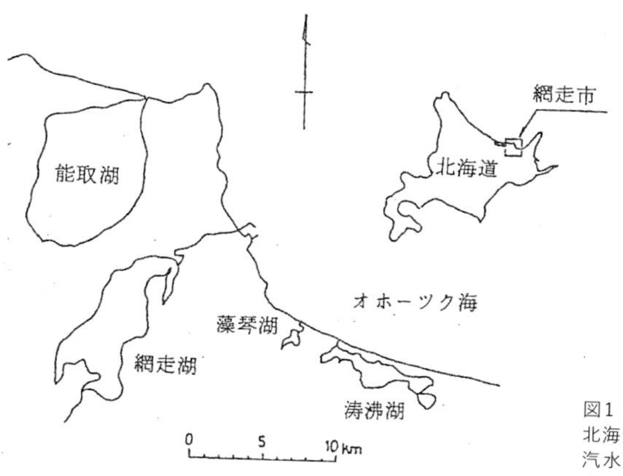

図1
北海道東の網走市に点在する汽水湖、網走湖はその中の一つ

［1 **汽水湖**］淡水と海水が混じった湖。

［2 **仔稚魚期**］魚類の成長過程は卵→仔魚→稚魚→若魚→未成魚→成魚である。 仔魚期はこの成長過程の一つで孵化後間もない時期。稚魚は鰭などのかたちが成魚とほぼ同じになる時期。ここでは、仔魚と稚魚をまとめて仔稚魚期とした。

［3 **摂餌生態**］ここではワカサギがどんな餌を食べるのか、いつ、どこで食べるのかなどその餌の採り方を指す。

［4 **降海**］魚類が川や湖などの淡水域から海に下ること。

［5 **仔魚**］魚類の成長過程の一つで、仔魚期は孵化後間もない時期。

魚期かというと、この時期の生き残りの程度が、その後の資源量を決めると考えられる重要な時期だからです。ここでは、私が実際に行った研究、およびこれまで多くの研究者が行った研究をもとにワカサギの生態を紹介したいと思います。

1. 産卵と孵化(ふか)

網走湖では、ワカサギは湖に流入(りゅうにゅう)する河川(かせん)に遡上(そじょう)します。ワカサギが産卵する環境は、粗砂(そさ)（粒径0.425 ～ 2mm）や水生植物の根元などと言われています[2]。ワカサギの卵は、水流に流されないように独特の粘着膜（写真1）で、これらにしっかりと固定されています。産卵が盛んな時期は4 ～ 5月で、産卵並びに産卵に伴う河川への遡上・降下は夜間に行われます[3]。雄は雌に先行して河川に遡上し、長期にわたって産卵に参加するのに対し、雌は遡上後、短期間で産卵を終えて降下してしまいます。そのため、産卵場では雄の方が多いという性比の偏りが見られます。孵化するまでに要する日数は、水温に大きく影響されます[4]。ワカサギの孵化場で2時間ごとに孵

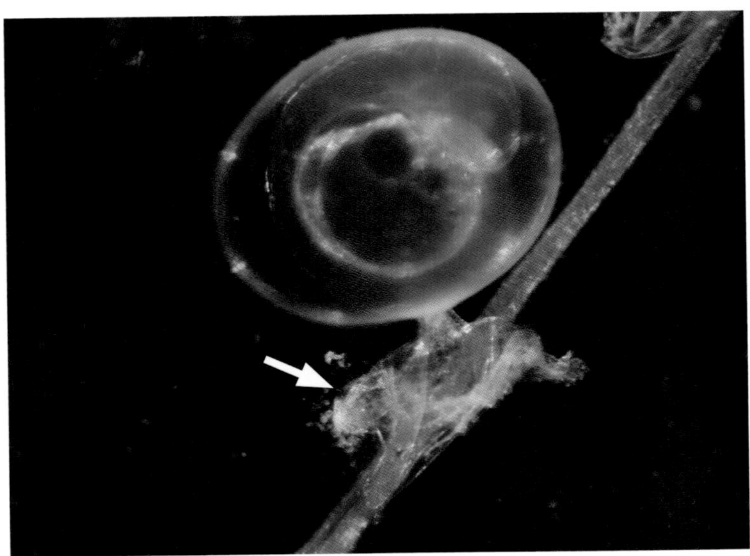

写真1　ワカサギ孵化場での発眼卵、大きさは約1mm、矢印は粘着膜

化の様子を観察したところ、仔魚※5は日没直後、短時間に集中して孵化することが知られています[3]。そしてこの理由は、ただちに川の流れに乗って下ることにより、他の生物に目撃される度合いが低くなり、捕まって食べられてしまわないように夜間に川を下ることにあるのではと推察されています。天然河川での流下調査では、孵化のピークは日没後に観察されています[5]。さらに、仔魚は日没後に一斉に孵化して、翌朝までには湖に下ります。この孵化は、日没に伴う光の明るさの低下が引き金と考えられるとされています[6]。

2. ワカサギの発育

一般に魚類は、卵から孵化したのち、姿かたちを変えながら鰭の特徴などが親とほぼ同じになる稚魚へと成長します。網走湖産ワカサギについて、成長過程の姿かたちを詳しく観察することで、発育段階の区分が規定されました[7]（図2）。魚類の発育に伴う姿かたちの変化は、その生態的変化（餌の採り方や生息場所などの変化）とよく対応することが知られています。このことにより、ワカサギの生態と発育の関連性についてより一層の議論が深まりました。この研究では、ワカサギの鰭条形成※6、脊索後端の屈曲※7、黒色素胞の出現※8などに注目して、発育段階をAからHの８段階に区分しました。区分を表す英語としてフェーズ（Phase）という単語を用いています。以下はそれぞれのフェーズの特徴です。

フェーズA：孵化から卵黄吸収※9の完了直前までの段階。体・尾部の黒色素の分化※10が始まる。

フェーズB：卵黄が吸収されてから背鰭鰭条原基が出現※11する直前までの段階。

フェーズC：背鰭鰭条原基の形成開始。

［**6 鰭条形成**］鰭に筋のようなものができること。
［**7 脊索後端の屈曲**］頭から尾鰭に向けて伸びる身体の中央部にある骨の先が上の方に曲がること。
［**8 黒色素胞の出現**］皮膚に黒い小さな模様が現れること。
［**9 卵黄吸収の完了**］お腹に付いていた栄養が蓄積された袋状のものが全て吸収されること。
［**10 黒色素の分化**］皮膚に黒い小さな模様が現れる。出現と同じ意味。
［**11 背鰭鰭条原基が出現**］背鰭の根本に鰭条の基となる組織ができること。

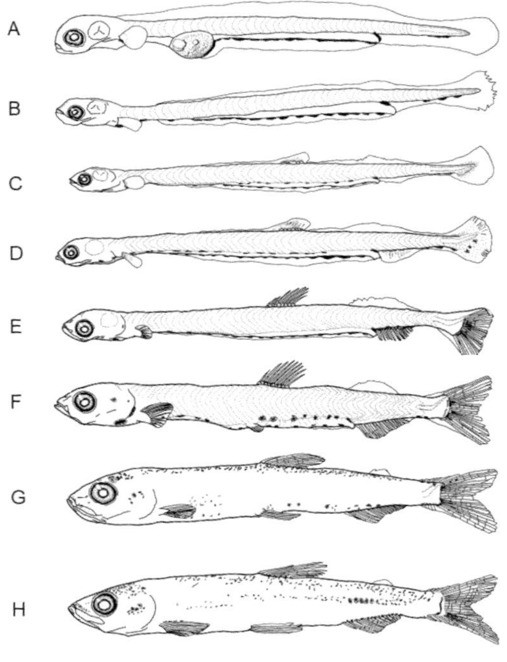

図2　ワカサギの発育に伴う形態の変化（虎尾2012を改変）

フェーズD：脊索後端の屈曲開始。尾鰭（おひれ）に原基が出現※12。

フェーズE：尾鰭の湾入※13開始から各鰭条の定数※14がそろう直前までの段階。脊索の屈曲が完了。

フェーズF：すべての鰭条が定数に達する段階。体がまだ半透明であり、仔魚の体型を留めている。

フェーズG：稚魚※15の体型への移行が進行している段階。

フェーズH：完全に稚魚の体型への移行が完了し、体型は成魚とほぼ同じになる段階。

［**12 尾鰭に原基が出現**］尾鰭の根本に尾鰭鰭条の基となる組織ができること。

［**13 尾鰭の湾入**］円形だった尾鰭の先がくびれた形に変わること。

［**14 鰭条の定数**］それぞれの鰭の筋が作られて成魚と同じ数になること。

［**15 稚魚**］魚類の成長過程の一段階。仔魚の次の時期。鰭条の数などの特徴が成魚と同じだが、形などがまだ成魚とは違う。

これらの発育段階のなかでも、脊索屈曲期（フェーズCからD）、仔魚期から稚魚期への移行期（フェーズFからG）、および稚魚期における体型完成時期（フェーズGからH）が様々な生態的変化に対応し、特に重要な転換点とされています[6]。

3. 分布生態

水平分布

孵化後、湖に降りた仔魚は湖のどこに、どのくらい分布しているのでしょうか。このことを知るためには、生まれて間もない仔魚を採集する調査が必要になります。採集は、直径1.3m、長さ4.2mの大きなプランクトンネット（稚魚ネット）※16を二人がかりで湖の水面に下ろし、ネットのロープを船にしっかりと固定して、湖の表層を一定時間船で曳（ひ）いて行います（写真2）。網走湖で得た調査結果によると、孵化仔魚は最初、湖に流入する河川近くで多く採集されます。この時の仔魚は、まだ卵黄を持ち、体長約5～7mmの多くの仔魚が分布します（写真3）。しかし、日数の経過とともに湖内全

写真2　大きなプランクトンネット（稚魚ネット）でワカサギ仔魚を採集する
（左：ネット投入準備、右：曳網中）

［**16 プランクトンネット（稚魚ネット）**］プランクトンを採集する円錐形の道具。採集したいプランクトンの大きさに応じて様々な網目幅のネットを装着して用いる。稚魚ネットはプランクトンネットとほぼ、同じ形をしたプランクトンより大型の稚魚を採集する道具。

［**17 体長組成**］採集した魚が、どのくらいの体長のものがどのくらいいるかを表すこと。

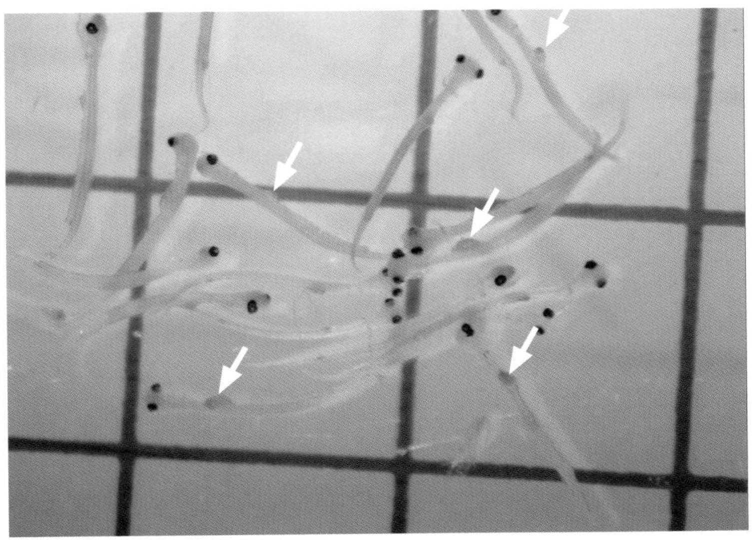

写真3　流入河川近くで5月中旬に採集された仔魚、まだ卵黄（矢印）が見える（マス目は5mm）

域に分布し、個体数が多いところもあれば少ないところもあり、決して一様ではありません。体長も小さいものから大きなものまで採集されるようになります。網走湖では7月上旬以降になると、ワカサギは成長するにつれて、仔魚から稚魚へと姿かたちが変化します。こうなると、ワカサギを稚魚ネットで採集することは難しくなります。そこで、これ以降は曳き網で採集することになります。網走湖では古くから、曳き網による稚魚の分布、個体数などを調査しています[3、8)]。それによると、稚魚の湖内での分布に特徴のある現象は観察されていません。

稚魚ネットおよび曳き網で採集したワカサギの体長組成[※17]は多くの場合、複数の体長群が観察されます（写真4）。ワカサギの成長を考えるには、複数の体長組成から個々の群れを分離して追跡することが必要になります。魚の脳には耳石という石があり、主に平（へい）

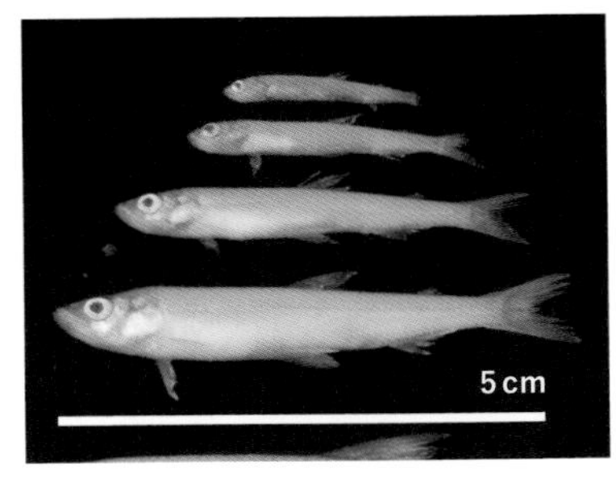

写真4　曳き網で採集されるワカサギ幼稚魚

衡感覚を保つ働きをしています（「3章 ワカサギの釣り参照」）。この耳石は1日ごとに成長します。そのため木の年輪のような構造、日周輪ができます。群れを分離するには、この耳石にできた日周輪を数えることによって、そのワカサギの孵化日を推定します。そして、同一孵化日の群れを特定・追跡することにより、ワカサギの成長を詳しく調べることが可能となります[9)]。

鉛直分布

仔魚は鉛直方向にどのように分布しているのでしょうか。海では、同時に異なった深度を曳くプランクトンネットや稚仔魚を採集する特別なネットがいろいろと考案されています。しかし、海に比べて浅く、大きな調査船もない湖でこのようなネットを曳くことはほぼ不可能です。何とか調べられないものかどうか、私は調査に協力していただく漁協の方に相談したところ、次のような仕掛けを考えてくれました。ネットのリングに長さ8mの長い竿棒をしっかりと取り付けます。そして、竿棒を船にきっちりと固定して、5分間の水平曳きを行うのです。網を揚げる時、竿棒に固定されたネットのリングを水面に対して垂直になるように手で引き上げて、上層の採集物がネットに混入することのないように工夫しました。野外調査の面白さの一つは、自分の採りたい標本を如何に採るかを考えることにもあります。さて、このネットを使って、湖の中央部で様々な深度の仔魚を採集してみました。その結果、仔魚は日中、表層よりもより深いところに多く分布していることが分かったのです（写真5)。この時は日中の調査でしたが、更なる疑問が湧いてきました。それは、日中と夜の違い、昼夜を通して何時間かおきに調べたら、仔魚の分布水深はどうなるのだろうかということです。この調査は夜間も行うため安全を期して、場所は漁港から近く、水深がそれほど深くないところを

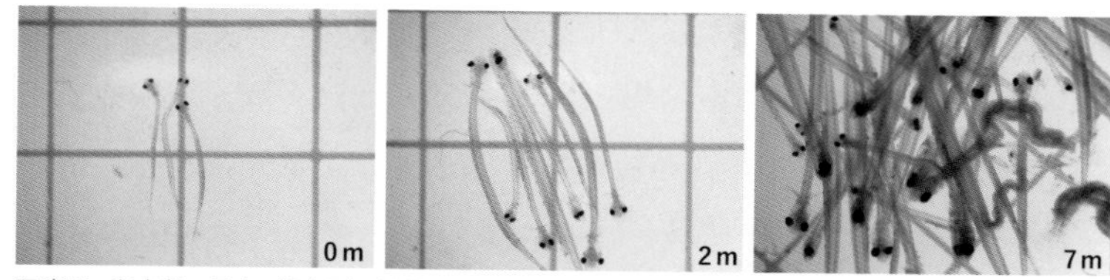

写真5　湖央部で日中、深さ別に採集されたワカサギ仔魚（マス目は5mm）

選びました。採集した時間帯は、4時から21時までの間に合計6回、採集深度は各時刻ともに0m、2m、5mの3層で行いました。網走湖の周辺には民家も何もありません。夜、船を出して湖に出ると月の明かりだけが反射して湖面に映ります。調査の結果、日中は深いところにいた仔魚ですが、日没後に浅層へと移動し始め、夜間は表層に多く分布することがわかりました(表1)。このことから、仔魚は日周鉛直移動※18をしており、昼夜といった光に影響を受けていることが考えられます。

表1　湖岸で時間別、深さ別に採集された仔魚の個体数（個体数/5分曳き）

	採集時間帯					
深度（m）	4：00	8：00	12：00	16：00	19：00	21：00
0	17	6	4	4	2	689
2	49	122	22	86	209	446
5	72	127	57	55	23	111

調査日の日の出は4時45分、日没は18時42分。

4. 摂餌（せつじ）生態

多くの湖でワカサギが何を食べているのかという研究報告は比較的多くあります。共通しているのは、動物プランクトンのワムシ類、枝角（しかく）類のミジンコ、カイアシ類のケンミジンコ、ユスリカ幼虫、アミ類などです[10-17)]（写真6)。仔魚の中には、動物プランクトンの他にも植物プランクトンの珪藻類※19を食べているという報告もあります[17)]。

早速、私も湖の表層で採集した仔魚の消化管の内容物から調べてみました。わずか数mmの仔魚の消化管を顕微鏡でのぞきながら、注意深く細い針を使って解剖します。仔魚の消化管からは、ワムシ類の一種であるカメノコウワムシ(学名:*Keratella cruciformis*)が多く観察されました（写真7)。また、カイアシ類の一種であるキスイヒゲナガケンミジンコ（学名:*Sinocalanus tenellus*）のノープリウス幼生※20も多く観察されました。さ

［**18 日周鉛直移動**］プランクトンや魚類が昼夜で住む深さを変えるために移動すること。

［**19 珪藻類**］植物プランクトンの大きな分類群の一つ。珪酸質の殻からできている単細胞藻類。

［**20 ノープリウス幼生**］カイアシ類やエビ類などの卵から孵化した幼生のこと。

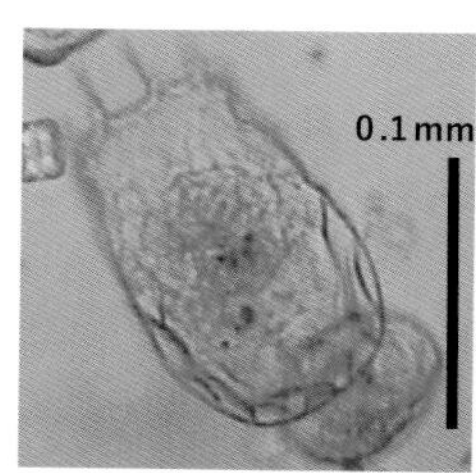

ワムシ類のカメノコウワムシ

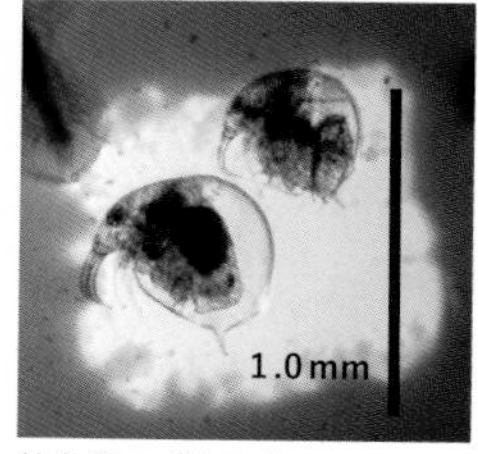

枝角類のゾウミジンコ

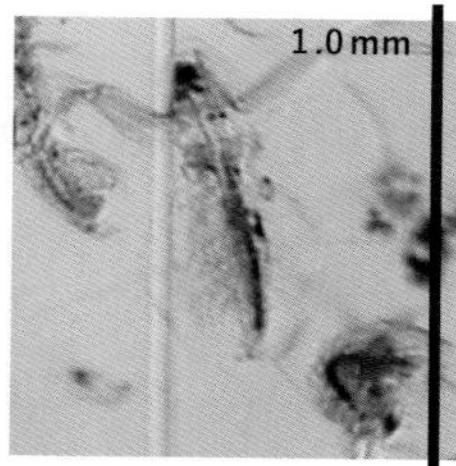

枝角類のオナガミジンコ

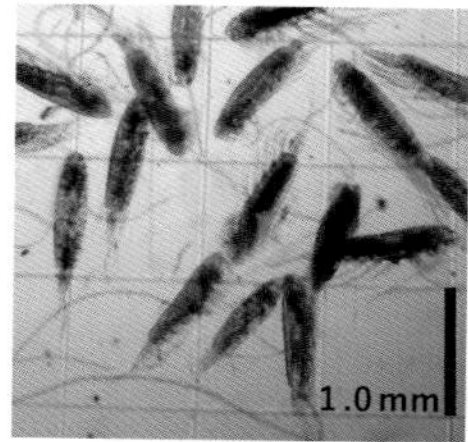

カイアシ類のキスイヒゲナガケンミジンコ

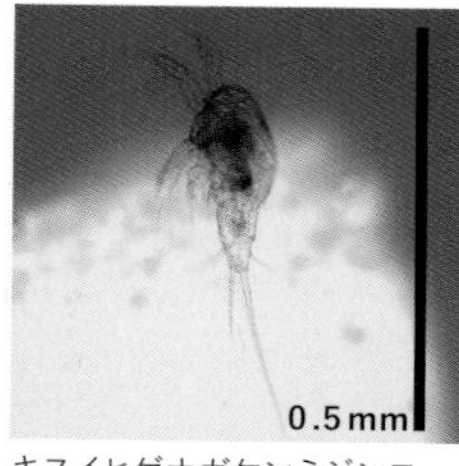

キスイヒゲナガケンミジンコのノープリウス幼生

アミ類のイサザアミ

写真6　ワカサギの重要な餌生物

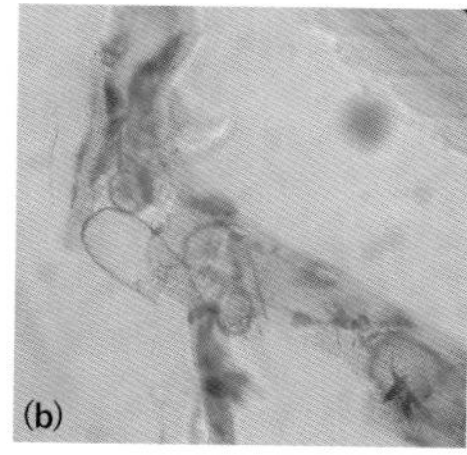

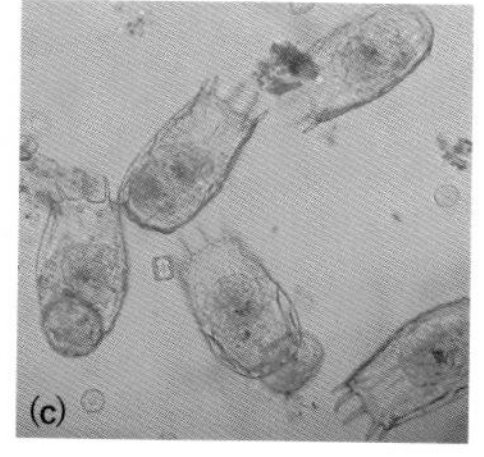

写真7　(a) 消化管に餌が見えるワカサギ仔魚（体長は約8mm）、(b) 消化管を解剖して内容物を取り出す、(c) 餌となっていたワムシ類の一種、カメノコウワムシ

て、「鉛直分布」で述べたように仔魚は、昼間と夜間でその分布が異なりました。そこで、この時採集した仔魚の消化管も観察してみました。結果は、摂餌していた個体の割合（調べた個体のうち、何等(なんら)かの餌(えさ)生物が消化管に観察された個体の割合）は、明らかに夜間に増加しました。そして、主な餌生物は昼間と変わらないのに、消化管に入っていた餌生物の個体数は圧倒的に夜間で多かったのです。このことから、仔魚の摂餌は夜間に行われるものと考えられました。「鉛直分布」で仔魚の日周鉛直移動について述べましたが、同時に各深度の主要な餌生物の個体数も調べてみました。その結果、仔魚と餌生物の多い深度は必ずしも一致していませんでした。このことから、仔魚の日周鉛直移動は餌を求めて能動的に行動したというよりは、

光環境に同調した内因的な行動※21であり、結果として餌生物との遭遇の機会を高めているものと私は考えています。

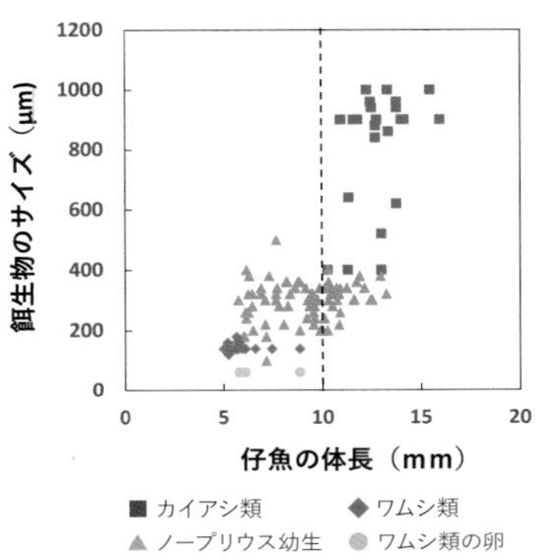

図3　成長に伴う餌サイズの変化
（浅見2004を改変）

ところで、体長約20mm以下の仔魚が何を食べているのかを、体長毎に整理してみたら興味深いことがわかりました。仔魚は摂餌を開始した時はワムシ類を食べていますが、成長するにつれて、ワムシ類よりも少し大き目のカイアシ類のノープリウス幼生、そして、体長が約10mmを超えるとカイアシ類へと食べる餌を大型化していたのです（図3）。特に、カイアシ類のキスイヒゲナガケンミジンコは極めて重要な餌生物で、その出現量はこのあとで述べる「7. 資源変動要因」と深く関係すると考えられます。余談になりますが、私は仔魚を飼育している時に度々変わった行動を観察しました。それは仔魚が体を屈曲させて何かに飛びついているのです。その屈曲の仕方がアルファベットのS字に似ていることから「S-Shape行動」（Sの形行動）と呼ばれていて、ニシンの仔魚で知られています[18)]。摂餌は常に成功するとは限りません。仔魚は摂餌の成功を高めるために、このように体を屈曲させた後、その反動を利用して餌を目がけて一気に飛びつく行動をしているものと考えられます。

仔魚に続いて稚魚期以降のワカサギの餌も調べてみました。この時期になると胃もできますので、胃の解剖を行いました。仔魚で多く食べられたワムシ類はほとんど見られなくなり、枝角類、カイアシ類、アミ類、さらに成長するとエビの幼生、ユスリカ幼虫、魚類稚仔※22なども見られました。このようにワカサギは仔稚魚そして未成魚期※23を通して、餌生物の大きさを替

［21 内因的な行動］本来その生物が持っている行動。本能に近い意味。

［22 魚類稚仔］魚類の成長過程である仔魚と稚魚をまとめて魚類稚仔とした。

［23 未成魚期］魚類の成長過程の一つで若魚の次の時期。性成熟が未発達な時期。

えていきます。諏訪湖でも、仔魚の時はワムシ類、稚魚に移行するとワムシ類より大型の枝角類のゾウミジンコ、未成魚期にはそれより大型の枝角類のオナガミジンコやカイアシ類、そして秋になるとユスリカ幼虫やその蛹(さなぎ)を食べるようになります。このユスリカ幼虫や蛹を食べるときは急激な成長を見せ、湖内でこれら餌生物の増加期が関連していると考えられています[13)]。

仔魚は主に夜間に摂餌するという話をしましたが、稚魚はいつ摂餌するのでしょうか。諏訪湖では、ワカサギの昼夜での分布の違いなどから、日中に摂餌するという報告があります[12)]。私は残念ながら、稚魚の摂餌について昼夜を通した調査はできませんでしたが、7～10月に朝方から夕方まで数時間おきにワカサギを採集して、その胃充満度指数[※24]（胃内容物重量/体重×100、%）を調べてみました。その結果、胃充満度指数は朝方に高い場合と夕方に高い場合の二つの傾向が認められました。これは、餌生物である甲殻(こうかく)類プランクトン[※25]の昼夜を通した行動と関係しているのではないかと考えています。

5. 降海と残留、そして遡上

冒頭に述べたようにワカサギは本来、淡水域と海を行き来する遡河回遊魚です[19)]。川と海の間に湖を介する小川原湖(おがわらこ)や宍道湖(しんじこ)でもワカサギの興味深い降海・遡上生態が知られています[20、21)]。網走湖産ワカサギについては、生活史[※26]の解明に向けた研究により、降海・遡上する遡河回遊群と一生を湖内で過ごす湖中残留群の存在（生活史分岐）が明らかにされています[22-24)]。この生活史分岐が何故起こるのかという問題は、多くの人の興味を引くものでした。この問題は、古くから蓄積された資料の解析により、降海は遺伝的な支配によるものではなく、湖内に生息する稚魚の個体群密度が湖の環境収容力[※27]を超える時に起こるという研究結果があります[3)]。ちょ

[**24 胃充満度指数**] 胃の内容物を体重で割った値をパーセントで表した数値。体重当たりどのくらい餌を食べているかを表す。
[**25 甲殻類プランクトン**] カイアシ類、枝角類などの動物プランクトン
[**26 生活史**] ここでは、ワカサギが生まれてから死ぬまでの生活様式のこと。一生のこと。
[**27 環境収容力**] ここでは、網走湖が養うことのできる最大のワカサギ稚魚の個体数のこと（詳細は、鳥澤（1999）を参照）。

うど、同時期に研究していた私は餌生物の多寡(たか)も、生活史分岐に関係しているのではないかと考え、先に示した稚魚の主な餌生物である甲殻類プランクトン（枝角類とカイアシ類）の出現状況を調べてみました。そして、7～8月にかけての甲殻類プランクトンの平均出現量を求め、これを稚魚発生量の多寡を指標する稚魚分布指数[3)※28]で割ることによって、1個体の稚魚にどれだけの餌生物が利用可能かを表す、「稚魚の餌生物指数」を推定しました。そして、降海量を指標する降海群指数[3)※29]との関係を見たのです。それを模式的に示したのが図4です。稚魚1個体当たりの餌が減少すればするほど、降海する稚魚が増えるという関係が認められました。つまり、降海するかしないかは、湖の稚魚の個体群密度とその年の餌生物量に大きく依存すると考えたのです。

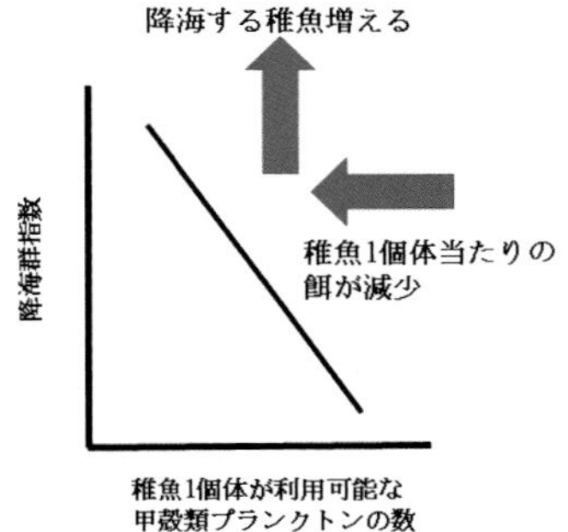

図4　稚魚1個体当たりが利用可能な甲殻類プランクトンの数とワカサギの降海群指数との関係（浅見2004を改変）

　降海したワカサギはどこで、どんな生活をしているのでしょうか。日本各地の淡水域、汽水域[※30]および海域からワカサギを採集し、それらの耳石の微量成分[※31]を分析することによって、そのワカサギの生活履歴を推定した研究によれば、ワカサギの回遊パターンは多様性に富み、網走湖産ワカサギの一部は主に汽水の影響を受ける極(ご)く沿岸域[※32]で生活しているものと推察されています[25)]。また、網走市の鱒浦(ますうら)沿岸域で地曳網(じびきあみ)によりワカサギを採集してその胃にある内容物を調べたところ、カイアシ類が多くを占め、中でも汽水性カイアシ類の一種（学名：*Eurytemora herdmani*）の優占的な出現が観察されました[26)]。私は春～夏季の網走沿岸の動物プランクトンの消長（盛衰(せいすい)）を調べる機会に恵まれました[27)]。その時、この汽水性カイ

[**28 稚魚分布指数**] その年の稚魚の個体数を表した指標となる数値（詳細は、鳥澤（1999）を参照）。
[**29 降海群指数**] その年に降海するワカサギの個体数を表した指標となる数値（詳細は、鳥澤（1999）を参照）。
[**30 汽水域**] 淡水と海水が混じった水域のことで、河川水の影響を受けた沿岸域。
[**31 耳石の微量成分**] 化学元素である、ストロンチウム（Sr）やカルシウム（Ca）のこと。
[**32 沿岸域**] 海洋で、陸域に近い水域のこと。

アシ類の特徴的な分布を観察しました。この種は極く沿岸域に分布し、渚域※33でも優占して出現します。そして、春から夏に向かって増加していました。このように、海に降りたワカサギは、沿岸域でも極く沿岸に生息していると推察されます。極く沿岸域には餌(えさ)プランクトンの生産の場、捕食を免れる空間などワカサギを養う独特な生態系があるのかもしれません。海洋生活期のワカサギについては、まだまだわからないことが多いのが現状です。

さて、夏に網走湖から海へ降りたワカサギは、冬も近い11月中旬から下旬にかけて遡上し始めます。遡上は、性成熟や成長などと明瞭な関係が見出されていません[3、6]。最終成熟については、遡上して淡水の環境に一度触れることが重要ではないかという興味深い仮説もあります[3]。降海や残留、そして遡上については、生態学的※34な研究とともに生理学的※35な視点からも調べて行くと、まだまだ面白い発見があるかもしれません。

6. 結氷期のワカサギ

諏訪湖では結氷(けっぴょう)期が長いほど、ワカサギの個体数が多くなるといった報告があります[12]。これは、低水温が産卵に適していることや、結氷期間中は漁獲が抑えられることにより、産卵する親魚が減らないことなどから考えられるようです。結氷期に氷に穴を開けて水温を調べると（写真8）、水温は氷の直下で1℃以下、それより深くな

写真8 結氷期の調査

［33 渚域］沿岸域でも最も陸域に近い水域のこと。

［34 生態学的］生物をその個体と環境や他種との関係などから調べる視点。

［35 生理学的］生物の血液やホルモンなどその個体レベルから生物を調べる視点。

ると2～4℃まで上昇します。結氷期でも、ワカサギ漁業は盛んに行われます。私は定期的に、漁師さんからワカサギをもらって調べてみました（浅見未発表資料）。その結果、雄も雌も氷の下での成長は見られませんでした。生殖腺指数※36（生殖巣（せいしょくそう）※37の重量／体重×100、％）の変化は雌雄で異なり、雄は約3％のままで変わりませんでしたが、雌は約4％から9％に増加していました。氷の下でもワカサギは活発に餌をとり、主な餌生物はキスイヒゲナガケンミジンコとイサザアミでした。氷の下では水温が低く、これらの餌生物の生産はほとんどありません。私は、結氷期初期に沢山いた餌生物が氷の解けるころには激減していたのを観察して、とても驚きました。ワカサギは、冬に氷の下にストックされた餌を春までに食い尽くす勢いで食べるのかもしれません。おそらく、氷の下に届くわずかな光を利用して、来るべく産卵に向けて餌を食べて、栄養を蓄えているものと思います。

7. 資源変動要因

一般に魚類の減耗（げんもう）（個体数の減少）は、生活史初期に最も起こりやすいと考えられています[28)]。網走湖産ワカサギでも、減耗は卵から稚魚期に至るまでの過程で年による変動が大きく、稚魚期に至って初めて安定するとされています[3)]。このことから、仔魚期に減耗が最も起こりやすいことが考えられます。初期減耗を考える時、初期餌料は重要な要因です[29)]。他の湖では、初期餌料の発生とワカサギの生き残りとの関係について多くの研究がなされています[30-32)]。私も仔魚期の餌環境※38と食性に注目して研究を行いました。ここでは、この時、私が垣間見た一現象を紹介したいと思います。「4.摂餌生態」のところで述べたように、仔魚は最初にワムシ類を食べ、体長約10mmに達するとキスイヒゲナガケンミジンコを主としたカイアシ類を摂餌するようになります。ワムシ類の出現個体数は、それほど各年で違わなかったのに対し、カイアシ類の出現個体数は年により異なっていまし

［36 生殖腺指数］生殖巣の重量を体重で割った値をパーセントで表した数値。

［37 生殖巣］雄は精巣、雌は卵巣で、精子や卵子を形成する組織。

［38 餌環境］その水域における餌となる生物の種類や個体数のこと。

た。そこで、仔魚の平均体長が約10mmに達した時のキスイヒゲナガケンミジンコの出現個体数をその年のワカサギの有効産卵数[3)]で割って、仔魚1個体当たりが利用可能なキスイヒゲナガケンミジンコの個体数として仮定しました。一方、ワカサギ仔魚の生き残りの程度は、その年の稚魚分布指数[3)]と有効産卵数[3)※39]との比として仮定しました。そして、これら両者の関係を模式的に示したのが図5です。仔魚1個体当たりの餌（ここではキスイヒゲナガケンミジンコ）の数が増えれば増えるほど、仔魚の生き残りは良くなるという結果が得られ、仔魚が利用可能な餌生物の量が資源変動に関係していることが考えられたのです。

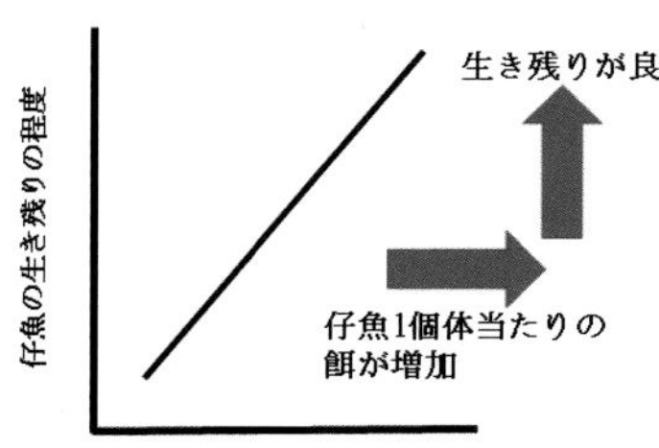

図5　仔魚1個体当たりが利用可能なキスイヒゲナガケンミジンコの数と仔魚の生き残りの関係（浅見2004を改変）

ワカサギの生息密度が成長に影響を及ぼし、資源変動の一つの要因になっているという考えもあります。一般に、湖のワカサギの成長（体長や体重）は年々変化するのが普通です。最も良く知られていることは、ワカサギの生息密度が多い年はワカサギのサイズが小さく、密度が少ない年はワカサギのサイズが大きいという関係が見られるのです。この関係は諏訪湖、小川原湖、阿寒湖[33)]、北海道渡島大沼（おしまおおぬま）[34)]などでも知られています。網走湖でも同様の現象が報告されています[3、35)]。このような、生息密度に関係した成長は、密度依存的成長と呼ばれています。この原因は、湖の生息空間の大きさ、動物プランクトンなどの餌の量も限りがあること、他の魚類との関係など、いろいろな要因があるのだと思います。網走湖においては、この密度依存的な成長が資源変動機構の要因の一つになっているとも考えられています[3)]。

［**39 有効産卵数**］ワカサギの0歳魚が天然で生んだ卵数と孵化場に収容した卵数の合計（詳細は、鳥澤（1999）を参照）。

［**40 溶存酸素量**］水中に溶けている酸素の量で湖水1Lに対する酸素の濃度で表される。

［**41 鞭毛虫**］鞭毛をもっている微少な生物群。

［**42 原生動物**］単細胞生物で微少な生物群の総称。鞭毛虫は原生動物に含まれる。

最後に

近年では、地球温暖化が様々な分野で問題となっています。ワカサギが生息する湖も例外ではありません。温暖化が顕著になると、表層が強く温められるため、表層と深層で水温差が生じて、湖水が混ざらなくなり、深層での溶存酸素量[※40]の低下が起こります[36)]。また、植物プランクトンはラン藻類が優占してきます。ラン藻類は、動物プランクトンの餌にはなりにくいので、分解後、鞭毛(べんもう)虫[※41]や原生動物[※42]に食われ、これらがワムシ類や甲殻類プランクトンに食われ、そして、これを魚が食うようになります。このような生態系の変化は、ワカサギなどの魚類にも影響をもたらすと考えられています[36)]。既に温暖化対策として、ワカサギ資源を維持するための増殖手法も考えられています[37)]。私はワカサギの研究を進める中で、特に環境とワカサギの関わりに興味を持ち、多くの人の協力のもと研究を続けて来ました。ワカサギ資源を永続的に利用していくには、将来に備えた増殖技術の開発と同時に、湖という複雑な生態系の中でワカサギが如何に生きているか、その生理生態を理解するための地道な研究もますます必要になると思います。

ワカサギと近縁種の分類

甲斐嘉晃

1. ワカサギの分類

ワカサギは成長しても全長20cmにも満たない小さな魚です（写真9a）。分類学的には、キュウリウオ科として、キュウリウオのほか、シシャモやカラフトシシャモ、チカといった種と同じグループに属します[38)]。キュウリウオ科魚類は、どの種も沿岸域から淡水域に生息していて、一生を通じて海域を利用する種から産卵期には河川を遡上する種、さらに海水と淡水の混じった汽水域に生息する種、完全に淡水域で生息する種まで、生態的に多様であるといえます。キュウリウオ科魚類は、北半球の高緯度地方から約15種

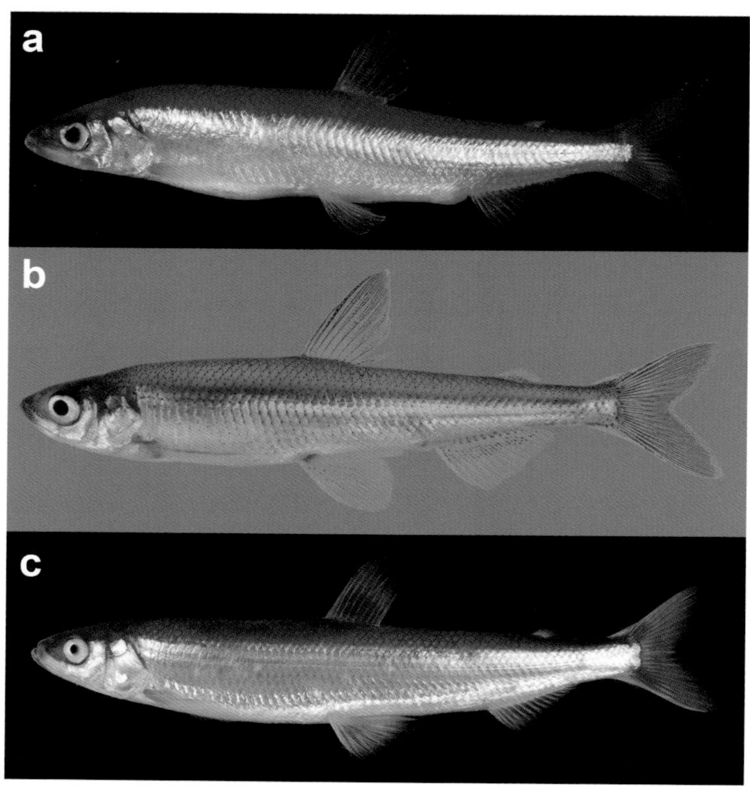

写真9　日本産のワカサギ属3種
（a：北海道大学総合博物館水産科学館収蔵、b・c：京都大学舞鶴水産実験所収蔵）

aはワカサギ、bはイシカリワカサギ、cはチカ。イシカリワカサギはワカサギよりも黒色素胞が多く、脂鰭が大きい。チカの腹鰭は背鰭起部よりもやや後ろに位置するのに対して、ワカサギやイシカリワカサギではほぼ直下にあることで区別可能。

が知られていますが、分類学的にはまだ混乱が見られます[39]。

ワカサギという種自体も、実は分類学的に紆余曲折のあった種です。生物の学術的名称には日本語での標準和名と、世界共通の名称である学名があります。現在、標準和名「ワカサギ」という種の学名は *Hypomesus nipponensis* McAllister、1963とされており、その種小名はもちろん「日本の」という意味です。種の学名は、通常2つの部分からなっており、“*Hypomesus*” はワカサギが分類されている属名（和名はワカサギ属）で、

“*nipponensis*” が「種小名」です。ちなみにワカサギと同属のチカの学名は*Hypomesus japonicus* (Brevoort、1856) です。学名を見ればワカサギとチカは同属で、近縁な関係にあることが分かります。種の学名の最後の部分は、その学名の命名者と命名した年（新種として発表した年）が書かれています。括弧で囲まれているのは、命名したときから属名が変わっていることを示します（例えばチカはBrevoort が新種として発表したときにはキュウリウオ属　*Osmerus* とされていましたが現在はワカサギ属に入れられています）。

ここでワカサギの学名を見て、あれ?と気づいた方も多いと思います。ワカサギの学名が付けられたのは1963年でそんなに古いわけではありません。ワカサギは15世紀から食用とされていた記録がありますし（本書2章参照)、もちろんワカサギという種自体はもっと昔から存在していたはずです。古い図鑑を見てみると、ワカサギの学名は“*Hypomesus olidus* (Pallas、1814)” となっています[40]。この学名は、現在ではワカサギと同属のイシカリワカサギに適用されています。イシカリワカサギとワカサギはとてもよく似ていますが、ワカサギと比べるとイシカリワカサギの方が体に黒色素胞が多く散らばり、やや暗い体色をしていること、背鰭の後方にある脂鰭がやや大きいという特徴があります（写真9b）[41]。さらに、内部形態は明瞭に異なります。多くの魚では浮力を調整する鰾(うきぶくろ)と消化管はつながらないのですが、一部の原始的な魚では鰾と消化管が「気道」と呼ばれる細い管でつながっています。キュウリウオ科魚類でもこの気道が見られるのですが、ワカサギでは気道が鰾の前端につながっているのに対し、イシカリワカサギでは気道が鰾の前端よりも後ろの方につながっています[38]。また、イシカリワカサギは基本的に湖沼などの淡水域に生息しますが、ワカサギはもともと淡水域と海水域を回遊する種です。イシカリワカサギとワカサギはとてもよく似ているため、古くは混同されていたようなのですが、鰾につながる気道の位置で分類できることを発見したのは北海道大学水産学部の濱田啓吉博士でした[42、43]。博士はかつて日本に統治されていた樺太(からふと)の多来加(たらいか)湖（現サハリン島ネフスコエ湖）から1935年に採集されたイシカリワカサギを新種*Hypomesus sakhalinus* Hamada、1957として記載したのです。この種は樺太だけでなく、北海道の石狩古川にも生息するとされていました[44)]。ところが、その後、キュウリウオ科魚類の分類学的研究を行ったカナダ国立博物館のMcAllister 博士は、かつてワカサギに適用されていた学名*Hypomesus olidus* と濱田博士の新種*Hypomesus sakhalinus* は、両方ともイシカリワカサギに当たることを明らかにし、より古い学名である前者をイシカリワカサギの学名としました。同時に、本来のワカサギに当たる学名がないことがわかり、McAllister 博士はワカサギを新亜種*Hypomesus transpacificus nipponensis* McAllister、1963として記載したのです[45)]。通常、種の学名は二語名法と言って属名（*Hypomesus*）と種小名（*transpacificus*）からなりますが、亜種にはさらに亜種小名（*nipponensis*）がついています。亜種は、区別しうる地理的な集団に対して与えられることが多いですが、何を種として何を亜種とするのかについては、必ずしも明確な定義があるわけではありません[46)]。McAllister 博士は、北米の太平洋側にあるサクラメント川デルタに分布するものを基準となる亜種（基亜種）*Hypomesus transpacificus transpacificus* とし、日本に分布するワカサギはそれとは別種にするほどではない地理的集団と考えたようです。実際、これらの2亜種は鰭条数に違いが見られるものの、その範囲は重なり合い、採集場所の情報がなければ区別するのは困難です。

ワカサギをめぐる分類の変遷はまだ続きます。1997年に東京大学の猿渡敏郎博士はさらにワカサギ類の分類を見直し、ワカサギを亜種ではなく種に格上げし、*H. nipponensis* とします[47)]。さらに、1994年に日本・アメリカ・ロシアの研究者が共同で行った千島列島南部の生物調査で採集された個体をもとに新種チシマワカサギ*Hypomesus chisimaensis* Saruwatari、Lópex、and Pietsch、1997を記載しました。本種は千島列島南部の国後島、択捉島、志発島（歯舞群島の一部）の湖に生息し、海まで回遊しないこと、体色が暗いことや眼が大きいことでワカサギと区別できるとされていました。ところがその後、これら2種の遺伝的な差異は全くないことが明らかとなり、チシマワカサギ（湖沼に生息）はワカサギ（もともとは生活史の一部を海域で過ごす）と同種の生態型と考えられるようになりました[48)]。

分類学的な変遷はとてもややこしいのですが、ここからわかることはワカサギ類が地域ごとに少しずつ形態や生態が異なっていると言うことです。現在「ワカサギ」と言われている種の中にも、北海道オホーツク海側と日本海側では産卵期が大きくずれていることや、脊椎骨数の最頻値が異なっていることなども知られていて、生態や形態は変化に富みます[49、50]。これらを別種にするか、亜種にするか、同種内の生態型にするか、という理解が時に分類学的な混乱を招いてきました。しかし、分類学的な記載研究の中で、それぞれの特徴が明らかにされたことはワカサギ類の多様性理解のために必要なプロセスであったとも言えるでしょう。

2. ワカサギとその近縁種の分布

ワカサギ属

ワカサギは古くから盛んに移植放流されてきた歴史があるため、現在では琉球列島や小笠原諸島を除く日本列島の淡水域や汽水域に広く分布しています[47、49]。ワカサギは内陸にある湖にも放流されているため、淡水魚と思われがちですが、もともとは北海道オホーツク海・日本海沿岸と本州の島根県以北の日本海沿岸・千葉県太平洋沿岸の河川や海とつながる湖に生息しています（図6a）[49]。放流がたくさん行われてしまったため、本来の分布域はなかなか正確にはわからないところもありますが、かなり不連続に分布していたようです。特に本州太平洋沿岸では青森県の小川原湖より南では、茨城県の北浦と霞ヶ浦まで分布が離れていたとされていました[49]。なお、三陸海岸では、これまで近縁種のチカ（写真9c）しかいないと思われていましたが、岩手県の宮古水産高校を中心とした一連の調査で、宮古市の閉伊（へい）川にはワカサギが分布していることが明らかにされています[51]。このように、チカとワカサギが混同されていて、ワカサギが見過ごされているケースはもっとあるのかもしれません。

先述のように、北米のサクラメント川デルタには、かつてワカサギの亜種とされていた*Hypomesus transpacificus*が分布します（現在は亜種ではなく、別種とされています）（図6a）[47]。太平洋を挟んで東西に近縁種が分布するというパターンは、しばしば温帯の沿岸に生息する海産魚類（例えば

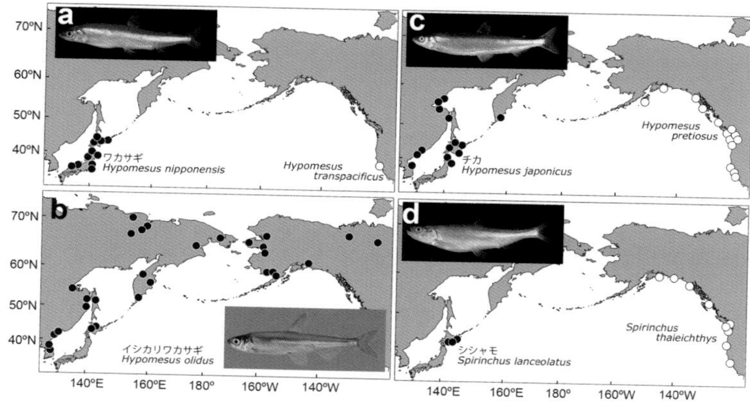

図6　キュウリウオ科魚類の分布パターン[38、42、44、45、47、49、51]
（a：京都大学舞鶴水産実験所収蔵、 b・c・d：北海道大学総合博物館水産科学館収蔵）

a は黒丸がワカサギの自然分布と考えられる場所、白丸が近縁種の*Hypomesus transpacificus*。b はイシカリワカサギ、c は黒丸がチカ、白丸が近縁種の*Hypomesus pretiosus*。d は黒丸がシシャモ、白丸が近縁種の*Spirinchus thaleichthys*。

ウミタナゴ属）でも見られ、Trans-Pacific Distributionと呼ばれます[52]。この分布パターンは、後述のようにキュウリウオ科魚類では頻繁に見られます。

さて、日本に分布するワカサギ属にはワカサギのほか、イシカリワカサギとチカが挙げられます（写真9）。日本でイシカリワカサギが見られるのは北海道の天塩（てしお）川、石狩川、十勝川、釧路川と塘路（とうろ）湖などの水系で、海外ではカナダ西部からアラスカ、シベリア東部、沿海州（えんかいしゅう）、サハリン、朝鮮半島東岸から知られています（図6b）[38]。先述のように、イシカリワカサギはワカサギとよく似ていて、体色や脂鰭の大きさ、鰾につながる気道の位置で見分けるしか方法がありません。生態的には2種は異なっており、イシカリワカサギの方がワカサギよりも淡水適応が進んでいて、北海道のイシカリワカサギは淡水域のみを生息場所としています[38、41]。ワカサギとイシカリワカサギは遺伝的にもはっきりと異なっていることが知られていますが、ごくまれに交雑個体も見られます[53]。例えば北海道の石狩古川や道東の塘路湖では2種の雑種第1世代（F1）の採集記録があります。F1以降の世代の雑種と考えられる個体は極めて少なく、ワカサギとイシカリワカサギはそれぞれ種として維持されていると言えます[53)]。

一方、チカ（写真9c）は北海道沿岸や三陸海岸などに分布し、海外では、千島列島やカムチャッカ半島、朝鮮半島東岸から沿海州、サハリン沿岸から知られています（図6c）[38)]。ワカサギやイシカリワカサギとは異なり、一生を海で過ごします。産卵は砂地の浅瀬で、川水の影響があるやや塩分の低いところで行われます[54)]。チカもワカサギと同じように釣りの対象として人気があります。ワカサギよりも少し大きくなり、全長は15 cmほどになり、小さいときにはサビキ釣りで、1歳以上の大きい個体は浮き釣りで狙います[54)]。ワカサギとチカはとてもよく似ているのですが、腹鰭の位置で区別することができます。つまり、チカの腹鰭の起部（つけ根の前端）は背鰭の中央下にあるのですが、ワカサギでは背鰭起部の直下に位置します（写真6）[54)]。チカとワカサギは形態的にも生態的にも区別できる明らかな別種ですが、地方名では逆になっているケースがあります。秋田県の八郎潟はワカサギの自然分布域として知られていますが、八郎潟周辺ではワカサギのことを「ちか」、「つか」という地方名で呼んでいます。八郎潟には本当のチカはいませんが、このような呼び方は江戸時代から続いているようです[55)]。

なお、チカにもワカサギと同様に太平洋を挟んで北米側に近縁種 *Hypomesus pretiosus* (Girard、1855) が分布しています（図6c）[45)]。複数の分類群で同じような分布パターンが見られることは、共通の歴史的背景の存在を示唆しています。おそらく、祖先種が北太平洋沿岸に広く分布していたことがあり、何らかの気候変動に伴って高緯度地域で絶滅し、太平洋の西側と東側に分かれて分布するようになったのでしょう。

キュウリウオ科

ワカサギはもう少し広い眼で見ると、キュウリウオ科に分類されます。日本で見られるキュウリウオ科には、シシャモ *Spirinchus lanceolatus* (Hikita、1913) やカラフトシシャモ *Mallotus villosus* (Müller、1776)、そしてキュウリウオ *Osmerus dentex* Steindachner and Kner、1870が含まれます（写真10）[38)]。特にシシャモやカラフトシシャモは食用として水産業

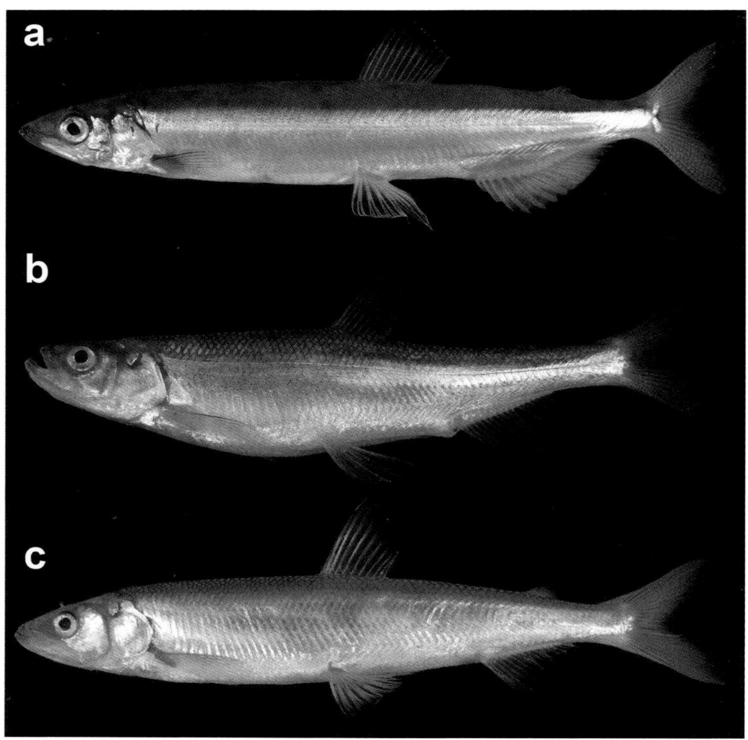

写真10　日本産のキュウリウオ科3種
（a：京都大学舞鶴水産実験所収蔵、 b・c：北海道大学総合博物館水産科学館収蔵）

a はカラフトシシャモ、b はシシャモ、c はキュウリウオ。カラフトシシャモとシシャモは臀鰭の外縁が丸く、キュウリウオはほぼ直線状です。カラフトシシャモはシシャモよりも鱗がかなり細かいことが特徴。キュウリウオはほかの2種よりも口が大きいことが特徴。

上とても重要な種です。シシャモとカラフトシシャモは、臀鰭（しりびれ）の外縁が丸いことでよく似ているのですが、カラフトシシャモは側線が完全で尾鰭基底まで続くのに対し、シシャモではワカサギ属魚類と同じく側線は不完全で体の途中で途切れます。さらにカラフトシシャモはシシャモよりもかなり鱗が細かいことが特徴です。また、カラフトシシャモは一生を海域で過ごしますが、シシャモは産卵期に河川を遡上することが知られています[38)]。

私たちがよく食べる「子持ちししゃも」は、ほとんどがアラスカや北欧から輸入されてきたカラフトシシャモです（写真10a）[56)]。カラフトシシャモは、北海道オホーツク海沿岸でも見られますが、太平洋と大西洋の高緯度地域や北極海に広く分布していて、北極海、西部北太平洋、東部太平洋などの地域集団間にわずかな遺伝的な差異が認められています[38、57]。北欧では、日本などへ輸出するカラフトシシャモは重要な水産資源と考えられていて、持続可能な漁業を行うように努力されています。特にアイスランドではMSC（Marine Stewardship Council: 海洋管理協議会）認証を取得し、科学的に資源管理され、混獲や生態系に配慮した「やさしい」漁業が営まれていることで有名です[58]。

一方、標準和名「シシャモ」（写真10b）は、日本の固有種で北海道の太平洋沿岸のごく限られたところでしか見られません（図6d）。シシャモは漢字で書くと「柳葉魚」とされます。これは、アイヌ語の「シシュ」（柳の葉の意味）と「ハモ」（魚の意味）に由来するとされています[59]。一説によると、昔の大飢饉の際に困った人々が神様へお祈りをしたところ、柳の葉に似た小魚が湧き上がったという伝説によるものだそうです[59]。シシャモは、10月中旬から11月下旬になると鵡川（むかわ）や新釧路川など特定の河川で群れをなして溯上し、川底の砂礫に産卵します。翌年の春に孵化すると、海に流されて沿岸域で成長し、1年半ほど海域で過ごした後、成熟して河川での産卵に参加すると言われています[60]。シシャモにも、脊椎骨数や産卵数の違いからいくつかの地域個体群があると考えられています[59、60]。近年、シシャモは資源量が減ってきており、特に襟裳岬以西のシシャモは「絶滅のおそれのある地域個体群」として2020年版の環境省レッドリストに掲載されています[61]。ちなみに、ワカサギやチカと同様に、シシャモにも近縁種 *Spirinchus thaleichthys*（Ayres、1860）が太平洋を挟んで北米に分布しています（図6d）[45]。これもワカサギやチカと同様の歴史的背景から現在の分布パターンが形成されたのでしょう。

キュウリウオ（写真10c）は、北海道のオホーツク海沿岸や太平洋沿岸で見られるほか、朝鮮半島からタタール海峡、オホーツク海、ベーリング海、アラスカ湾、北極海で広く見られます[38]。本種は、臀鰭の外縁がほぼ直線上であることや側線が不完全なことでワカサギ属魚類に似ていますが、口が大きく、その後端は眼の後縁直下に位置すること（ワカサギ属魚類では口は小さく眼の中心直下に達しない）ことで区別できます（写真10c）。キュウリウオも通常は浅海域に生息しますが、4月下旬から5月下旬の産卵期には川を遡上します。しかし、北米には淡水域のみで一生を過ごす陸封型の個体群も知られています[62)]。

3. ワカサギの形態と特徴

ワカサギは小さな魚と言うこともあり、あまりじっくりと見る機会はないかもしれません。ここでは、ワカサギの形態的特徴を説明したいと思います（写真11）。まず、ワカサギの鰭をじっくり見てみましょう。ワカサギの鰭を拡大してみると、鰭を支える「鰭条」には節と呼ばれる「しましま」があります（写真11：下段右）。これらの鰭条は軟らかいので、「軟条」と呼ばれます。私たちがよく口にするマサバやマアジなどでは背鰭に「棘」と呼ばれる硬い鰭条があり、棘には軟条と違って節がありません。ワカサギには棘がないため、丸のまま食べても口当たりが気にならないのです。ワカサギのもうひとつの特徴として、背鰭と尾鰭の間に小さな脂鰭を持っています。脂鰭はふつうの鰭とは少し異なっていて、鰭条がない少し特殊な鰭です。脂鰭は、ワカサギが含まれるキュウリウオ科魚類だけでなく、アユ科魚類、サケ科魚類でも見られるほか、後述のように一部の深海性魚類でも見られます。

また、多くの魚では体側に側線と呼ばれる1本の感覚器官があります。ところが、ワカサギをはじめとするワカサギ属魚類では側線が不完全で鰓蓋(えらぶた)の少し後ろの方で途切れてしまいます（写真11：下段左）。側線は、周りの様子を感じ取るためには重要な器官で、その走り方は種ごとの生態と大きく関わり合いがあります。例えば、海の表層を泳ぐトビウオの仲間では、側線が腹側を走っていますし、砂底に潜って餌を待ち伏せするミシマオコゼの仲間では側線は体の背中側を走ります。一般に大きな群れで生活する魚や、水の動きが少ない場所で生活する魚では側線系が退化的であることが知られています[63)]。ワカサギでなぜ側線が退化的なのかは調べられていませんが、何らかの生態的特徴を反映している可能性が考えられます。

次にワカサギの口に注目してみましょう（写真11：上段左）。ワカサギの上顎はゆるいＳ字カーブになっていて、２つの骨の要素からできています。

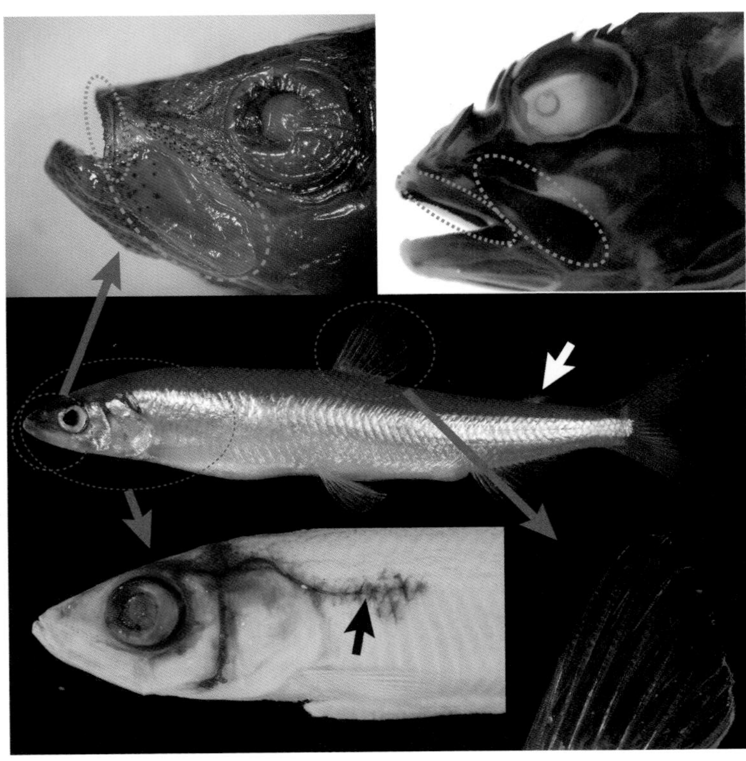

写真11　ワカサギの形態をクローズアップしたところ

上段は口でワカサギの上顎は前半が前上顎骨、後半が主上顎骨で縁取られ、両方の骨に歯がありますが、右側のカサゴなど多くの棘鰭類では上顎が前上顎骨で縁取られ、主上顎骨は後方で口を押し出す役割をします（アリザリンレッドで硬骨を染色）。中段の白い矢印は脂鰭で、ワカサギの仲間だけでなく、サケ・マス類などでも見られます。下段左はワカサギの側線系（アニリンブルーで染色）で、体側の側線は黒い矢印の位置までしかありません。下段右は背鰭の拡大写真。全ての鰭条に「しましま」が見られ、軟条から成ることがわかります。

前半が前上顎骨、後半が主上顎骨で、これら両方に細かい歯が生えていて上顎としての役割を担っています。これは、後でも説明しますが、一般的な魚類の中では原始的な形質と考えられています。このような形質状態に対して、派生的と考えられるのが写真に示したカサゴのような状態です（写真11：上段右）。上顎は大部分が前上顎骨によって縁取られていて、主上顎骨はその後ろに位置します。主上顎骨は口を開けるときに前上顎骨を前に押し出すような役割があり、これによって口を突出できるようになっています。このような形質状態は、摂餌の多様性を生み出し、さらには魚類の多様性創出に役立ったのではないかと考えられています[64]。

このようにワカサギは一般的な魚類の中では原始的な形質を持っている魚と言えます。進化の過程から見ると、ワカサギは「魚類」という大きな枠の中でどのような位置を占めるのでしょうか？つぎの節ではワカサギを含むキュウリウオ科の系統的な位置について説明していきます。

4. ワカサギを含む キュウリウオ科の系統的位置

生物の分類は、似た種（共通の祖先から派生した種）同士をまとめて属に、似た属をまとめて科に、さらに科をまとめて目に、目をまとめて綱に、といった階層構造で整理されています。ワカサギに当てはめて言うと、ワカサギ、イシカリワカサギ、チカなどをまとめて「ワカサギ属」に、さらにワカサギ属、キュウリウオ属、シシャモ属、カラフトシシャモ属などをまとめてキュウリウオ科、と言うように分類されているわけです。より細かく分類体系を整理するために「科」と「目」の間に「亜目」という階級が、「目」と「綱」の間に「上目」が置かれている場合もあります。ワカサギを含むキュウリウオ科は、アユ科やシラウオ科とともにキュウリウオ亜目、あるいはキュウリウオ目に分類されますが、後述のように目レベルの分類はこれまで非常に混乱してきました。

そもそも、魚類は脊椎動物の約半数を占める多様なグループです。脊椎動物の系統樹上では、魚類は複数の祖先からなる系統を含んでいるため、正確な定義ができません（図7）。敢えて言うならば、脊椎動物から四肢類（Tetrapoda＝両生類、爬虫類、鳥類、哺乳類をあわせたグループ）と言うことになり、35,000種近くが含まれます[39]。ヤツメウナギ類やヌタウナギ類といった顎のない魚、そしてサメ・エイ類などの軟骨魚類は、魚類の中では種数としては少なく、大部分が硬骨魚類（硬骨魚綱　Osteichthys）に属します。もちろんワカサギも硬い骨を持っていますのでここに含まれます。ここから四肢類と系統的に近いと考えられるシーラカンス類やハイギョ類などを除いた分類群が条鰭（じょうき）類（条鰭亜綱　Actinopterygii）と呼ばれ、

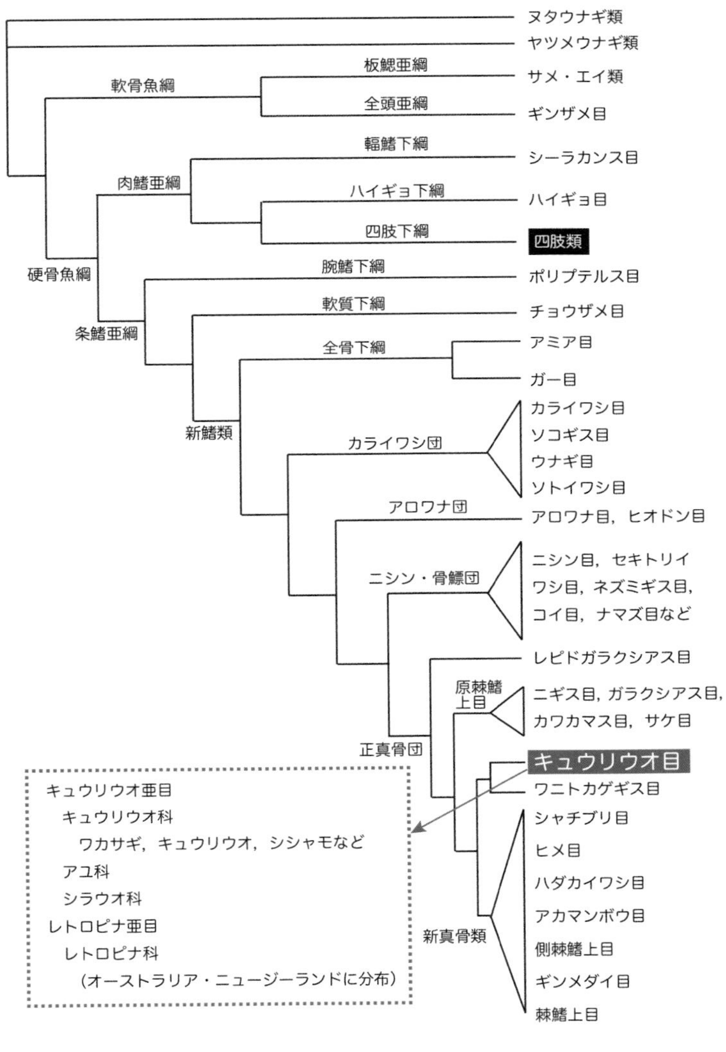

図7　魚類の系統関係とそれに基づく分類体系[65)]

ワカサギが含まれるキュウリウオ目は赤で示しました。分類群の日本語訳は矢部ほか編によります。

約33,000種が含まれます[39)]。さて、私たちが「魚」と聞いてすぐに想像するものには、マダイ、マアジ、マサバなどが挙げられるでしょうか？これらの魚は棘鰭(きょくき)上目（Acanthopterygii）に含まれ、一般的には背鰭や臀鰭には棘と軟条があります。また、腹鰭は体の前の方、胸鰭の下方辺りに位置することが多く、上顎はほとんどが前上顎骨により縁取られていて、通常は歯がここに生えています。先ほど説明したように、この骨が後ろに位置する主上顎骨により前に押し出されることで顎を突出させることができます。棘鰭上目には、条鰭類の約半数の15,000種ほどが含まれています。

さて、ワカサギでは先ほど説明したように背鰭や臀鰭は全て軟条で支えられており、棘はありません。腹鰭は体の中央付近に位置しており、胸鰭とは離れています。上顎は前半が前上顎骨で、後半が主上顎骨で縁取られており、歯は両方の骨に生えています。このような形質状態は棘鰭上目の魚類に対して原始的であると考えられています。このため、ワカサギを含むキュウリウオ目（あるいは亜目）は、かつては原棘鰭（げんきょくき）上目（Protacanthopterygii）に置かれていました。最新の分類体系に基づくと[65]、キュウリウオ目は原棘鰭上目からは外されてしまっているのですが（図7）、この原棘鰭上目に何が含まれるのかと言うことについて魚類の系統学者の間で議論が続いています。

ワカサギには脂鰭があるのが特徴的ですが、脂鰭を持つ代表的な魚と言えばサケ・マス類（＝サケ科）を思い浮かべる方も多いのではないかと思います。川と海を生活史の場としているところもサケ科魚類と似ているので、系統的にも近いのではないかと想像できます。このほかに、友釣りで有名なアユを含むアユ科、幼魚の特徴を持ったまま成熟するシラウオ科も脂鰭を持っていて、川と海を回遊する、あるいは淡水と海水が入り交じる汽水域を生活の場としています。このあたりがワカサギを含むキュウリウオ科と関係がありそうです（写真12）。このほかに、日本には分布しませんが、北半球の高緯度地方の淡水域に生息するいわゆるパイク類が含まれるカワカマス目もキュウリウオ科に近い分類群と考えられてきました。

魚類系統学の研究者たちは、古くから外部形態や骨格系・筋肉系などの内部形態に残された特徴から、魚の進化を推定して分類体系に反映させようとしました。しかし、どの分類群を原棘鰭上目に含めるべきかという見解は、研究者によってかなり異なります。例えば、魚類の分類体系を総説的にまとめた1994年のNelson[66]の分類体系では、サケ科からなるサケ目、カワカ

写真12　日本産のキュウリウオ目（すべて京都大学舞鶴水産実験所収蔵）

a はアユ科のアユ、b はシラウオ科のアリアケシラウオ、c はサケ科のサケ。どの分類群も脂鰭があるのがわかります。

マス科からなるカワカマス目、そしてキュウリウオ目を原棘鰭上目のメンバーと考えられています（図8）。さらに、Nelson[66)]は、キュウリウオ目に2つの亜目を認めており、ひとつがキュウリウオ科、シラウオ科などを含むキュウリウオ亜目、そしてもうひとつが深海性魚類であるニギス亜目です。確かにニギス亜目に含まれるニギス科魚類には脂鰭があり、鰭の位置なども似ています（写真13a）。このほかに駿河湾の深海から見つかった巨大な深海魚「ヨコヅナイワシ」が含まれることで有名になったセキトリイワシ科（写真13b）が、セキトリイワシ上科としてニギス亜目に含められています。

一方、著名な魚類系統学者が名を連ねたWiley and Johnson[67)]の分類体系では、過去の形態学的研究を概観し、原棘鰭上目はサケ目とニギス目

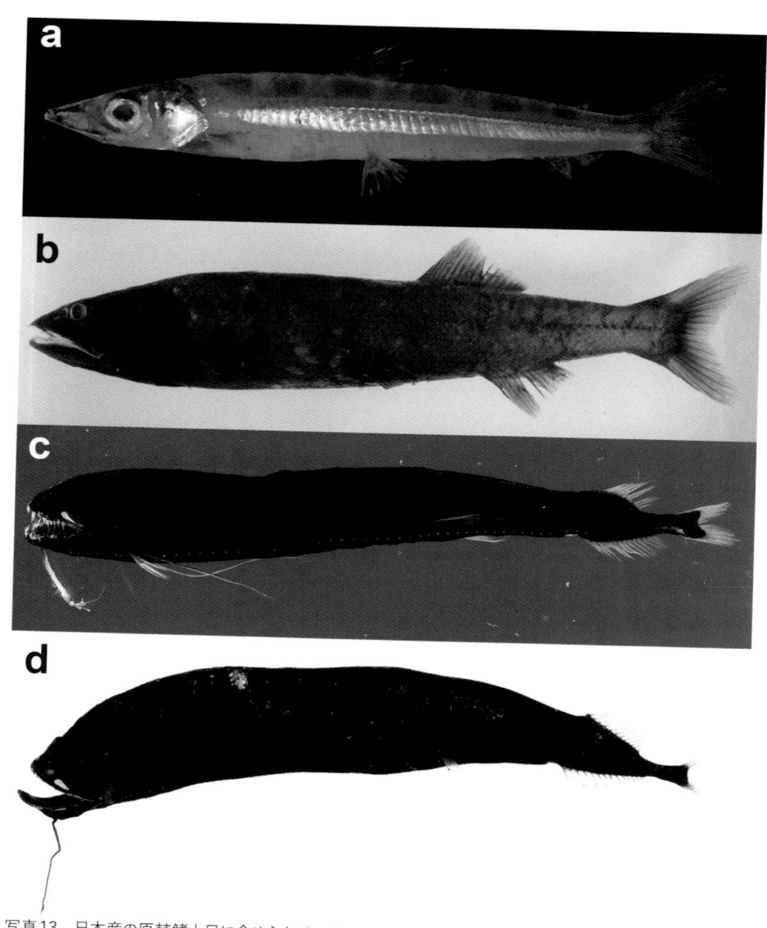

写真13 日本産の原棘鰭上目に含められる、あるいは近縁な分類群
(すべて京都大学舞鶴水産実験所収蔵)

a はニギス科のニギス、b はセキトリイワシ科のクログチイワシ、c はワニトカゲギス目ホテイエソ科のムラサキホシエソ、d はワニトカゲギス目ホテイエソ科のホテイエソ。

からなるとしています(図8)。そして、サケ目にキュウリウオ亜目とサケ亜目、カワカマス亜目を認め、ニギス目にはニギス亜目とセキトリイワシ亜目を認めています。簡単に言うと、Nelson[66] のキュウリウオ目を解体してしまって、サケ目の範囲を大きくしたと言えるでしょう。このように研究者ごとに分類体系が異なる結果になった理由としては、原棘鰭上目とその周辺の魚類では、さまざまな形質状態が各グループにモザイク状に見られること、形

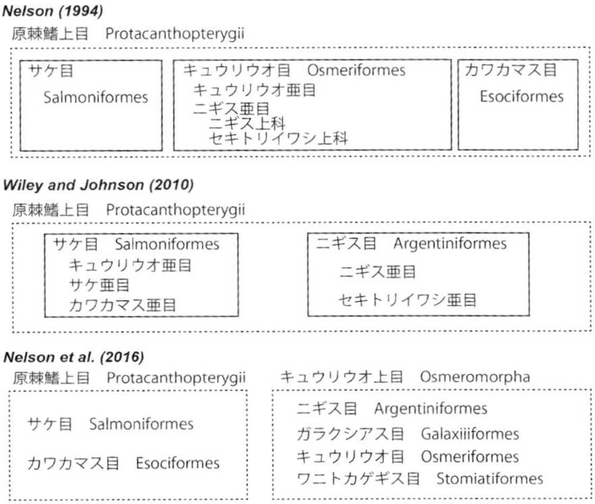

Nelson (1994)
原棘鰭上目　Protacanthopterygii

サケ目 Salmoniformes	キュウリウオ目 Osmeriformes キュウリウオ亜目 ニギス亜目 ニギス上科 セキトリイワシ上科	カワカマス目 Esociformes

Wiley and Johnson (2010)
原棘鰭上目　Protacanthopterygii

サケ目 Salmoniformes キュウリウオ亜目 サケ亜目 カワカマス亜目	ニギス目 Argentiniformes ニギス亜目 セキトリイワシ亜目

Nelson et al. (2016)

原棘鰭上目　Protacanthopterygii	キュウリウオ上目　Osmeromorpha
サケ目　Salmoniformes カワカマス目　Esociformes	ニギス目　Argentiniformes ガラクシアス目　Galaxiiformes キュウリウオ目　Osmeriformes ワニトカゲギス目　Stomiatiformes

図8　原棘鰭上目周辺の分類体系の推移[39、66、67]

質状態が二次的に変化している可能性があることなどが原因であることが考えられています[66]。

このような状況にメスを入れたのが、DNAの情報です。まず、2000年代に入った頃から、ミトコンドリアDNAの全長配列を用いた系統学的研究が次々に発表されました。これによると、原棘鰭上目に含められていたセキトリイワシ類はマイワシなどを含むニシン類やコイ・フナ類を含む骨鰾(こっぴょう)類に近いことが示され、ワカサギを含むキュウリウオ目（あるいは亜目）とは系統的には離れてしまいました（これは図7に示した関係と同じです）。一方、カワカマス目とサケ目が互いに近く、キュウリウオ目はニギス亜目のうち、セキトリイワシ類を除いたものと系統的に近いという結果になったのです[68]。また、核DNAの様々な遺伝子座を用いた研究も次々に発表されました。これら結果を受けて、1994年のNelson[39]の分類体系はアップデートされ、2016年に新しい分類体系がNelson *et al.* として出版されました[66]。ここでは、原棘鰭上目からキュウリウオ目は外されてしまい、サケ目とカワカマス目だけが含められました（図8）。そして、ワカサギを含むキュウリウオ目は、新たに設立された「キュウリウオ上目」の中に置かれることになりました。ここには、ニギス目のほか、南半球の淡水域や汽水域に分布するガラクシアス目や深海性のワニトカゲギス目（写真13c、d）も置かれることになったのです。

さらに、2018年にDNAによる巨大なデータセットを用いた研究が発表され、新たな分類体系が提示されました[65]。それによると、原棘鰭上目はサケ目、カワカマス目、ニギス目（ニギス亜目からセキトリイワシ類を除いたものを目に昇格）、ガラクシアス目のみが含まれ、ワカサギを含むキュウリウオ目は、深海性のワニトカゲギス目に最も近い分類群と考えられています（図7）。淡水域や沿岸域を生息の場とするキュウリウオ目と、体に多くの発光器を持ち深海にすむワニトカゲギス目が系統的に近いとは、多くの研究者を驚かせました。これらが一体どのように種分化していったのか気になるところです。しかし、この説はほかの研究でも支持されています[69]。

しかし、まだまだキュウリウオ目の系統的な位置については安定した説があるわけではありません。現在は、ゲノム解析の手法はどんどん進化しています。新規（de novo）完全長ゲノムの解析はまた時間と手間がかかるものの、ある程度の完成度を持つドラフトゲノムの解読や、既に全ゲノムが既知の種やその近縁種のゲノムの再決定（リシーケンス）は比較的容易にできるようになってきています。近い将来に全ゲノムを用いた系統解析ができるようになれば、より正確なキュウリウオ目の位置が明らかにされることになるでしょう。ワカサギの由来がはっきりする日が待ち遠しいところです。

ワカサギの遺伝的多様性と大陸のワカサギ

増田賢嗣

日本には、中華人民共和国から多くのワカサギが輸入されています（「第2章　ワカサギの文化」参照）。その中華人民共和国のワカサギは、1938年に長野県の諏訪湖から現代の遼寧（りょうねい）省に当たる地域に移殖されたものに由来し、その後各地に再移殖されていったと考えられてきました（図9）[70]。も

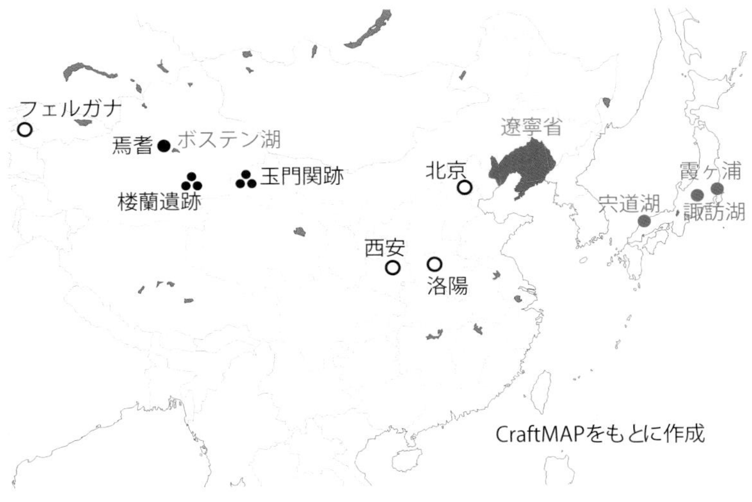

図9　中華人民共和国の代表的なワカサギ産地であるボステン湖と遼寧省の位置

都市名は現在のもの。主要な都市を丸（ボステン湖にほど近い焉耆は黒丸）で、霞ヶ浦、諏訪湖および宍道湖を青丸で、史跡を∴で示しました。また遼寧省は赤で示しました。焉耆は、正史にも「焉耆国」[82, 83]として現れるように、古くら知られた地名で、法顕や玄奘もここを通行したとされています[84]。

ともと諏訪湖のワカサギは茨城県の霞ヶ浦から移殖されたものですから、中華人民共和国のワカサギも霞ヶ浦に起源を持つことになります。

ところが、東北大学の池田実准教授（当時）を中心とする研究グループが出した結果は、この通説を再度検討する必要性を示すものでした。池田准教授らが用いた手法は以下の通りです。各地から集められたサンプルから個体ごとにDNAを抽出し、必要な部分の塩基配列[※43]を読みとります。動物種が同じであっても、1塩基単位でよく見ると、個体によって配列が全く同じではないこと（変異）はよく見られます。そこで、読み取った塩基配列を比較すると、何種類かの配列（遺伝子型）が得られることになります。

[43] 塩基配列とは、DNAを構成する4種類の塩基であるアデニン、グアニン、シトシン、チミンの並び順のことです。この並び順が、遺伝情報として親から子へと引き継がれます。

得られた塩基配列の違いをもとにして、様々な地域の個体群間の遺伝的な違いを定量でき、さらにその類縁関係についても推定できるのです[71-74]。

池田准教授らがこの方法を用いて、ミトコンドリアDNAの型に基づいて日本国内の5つの湖（網走湖、小川原湖、霞ヶ浦、北浦、宍道湖）及び中華人民共和国産のワカサギの遺伝的な関係を分析した結果、①日本国内の湖の個体群間には想像していたよりも大きな違いがあること、②中華人民共和国産のワカサギが霞ヶ浦に起源を持つとは考えにくいこと、が明らかとなりました。というのも、調べた5つの湖のワカサギのDNAの型は、本州太平洋沿岸の3湖（小川原湖、霞ヶ浦、北浦）、網走湖、宍道湖の3つのグループに分けられたのですが、それらのうち中華人民共和国産のワカサギに最も近かったのは、宍道湖の個体群だったのです[75]。

これらの発見は、二つの新しい視点を私たちにもたらしました。一つはワカサギの遺伝的多様性について、もう一つは中華人民共和国に生息するワカサギの由来についてです。ワカサギの天然分布域は、日本海沿岸からオホーツク海沿岸、そして太平洋沿岸まで及んでいます[76、77]。このうち、日本の日本海側では宍道湖、太平洋側では千葉県の夷隅川[78]を南限として分布していたとされています。中華人民共和国のワカサギの由来を考えようとすると、宍道湖とその周辺が気になります。そして日本海沿岸には、本州だけでも秋田県の八郎潟、石川県の河北潟、福井県の三方湖（写真14）など、宍

写真14　ワカサギ図。皇和魚譜（1838）所収（水産研究・教育機構　図書資料館　所蔵）

あぶらびれが描かれていないのは気になりますが、江戸時代には三方湖、伯耆（鳥取県西部）、駿河（静岡県中・東部）で得ることができたとされています。

道湖の他にもワカサギの生息地が多数ありました。しかし、それらが天然分布であったのかどうか、互いに遺伝的に異なる個体群であったかどうかについては、これまでのところ十分に明らかにされていませんし、国外についてはほとんど調査の手が及んでいません。

加えて、移殖の際の時代的背景というものがあります。現在の中華人民共和国の領域にワカサギが移殖された当時は、朝鮮半島と日本列島を同一の政府が統治していました。また、当時存在した満洲国政府は日本政府と深い関係にありました。そのため、これらの地域間の人や物の往来に対する政治的障壁が、現代に生きる私たちが感じるよりも低かったと考えられます。日本人に親しまれるワカサギがこの時期に現在の中華人民共和国の領域へ移殖されたのも、そして移殖された先が現在の遼寧省あるいはその周辺だったのもそのため、とまでいえば言い過ぎかもしれません。しかし移殖種苗の由来について、本州だけを候補地として想定するのでは不足とは言えそうです。現在のところ、ワカサギの移殖に関する情報は限られています。今後、国内外の個体群の遺伝的な関係性の研究が進むことで、天然個体群の遺伝的な多様性、さらに中華人民共和国に生きるワカサギの由来もより詳しく明らかになることが期待されます。

ワカサギにおいて、遺伝的に異なる個体群の存在が確認されることにより、私たちの「ワカサギ観」はいくつかの修正を迫られます。少なくとも天然分布域では、放流種苗の由来についていっそう注意を払う必要があるかもしれません。例えば、水産庁と（独）水産総合研究センター（当時）が2015年に刊行した指針では、由来の異なる人工種苗の放流が野生集団の遺伝的多様性を攪乱し、低下させるリスクを有していることを指摘し、対策が必要であることを提言しています[79)]。その上で、対象種の遺伝的な集団構造に基づいた管理単位を、関係者の情報共有と合意が持続できる形で設定するように求めています。ワカサギについても、将来はこのような体制の構築が必要となるかもしれません。

一方で、危機に瀕している個体群が、過去の移殖によって保存されている可能性も考えられ、それが遺伝子を標識とした調査によって明らかになっていく可能性もあります（図10）。例えば、現在ではワカサギが激減してしまった宍道湖ですが、宍道湖からは滋賀県の余呉湖[80)]、兵庫県の千刈湖[81)]、宮崎県の御池[81)]、鹿児島県の鰻池（写真15）[81)]などへの移殖が知られています。もしかすると、これらの湖のうちには、すでに原産地では減少したり、失われたりした遺伝資源が残っているかもしれないという希望もあるのです。

図10　ワカサギは移殖によって全国の多くの湖沼に分布しています

この図ではワカサギの第五種共同漁業権を免許されている漁業協同組合を示しました。第五種共同漁業権は内水面において免許される漁業権で（漁業法第168条）、免許された者は増殖義務を負い、また認可された遊漁規則に基づく遊漁料の納付を求めることができます（漁業法第170条）。平成25年以降の各都道府県の公報を基に筆者が調査。公報がインターネット上に公開されていない都道府県については、該当する漁業協同組合を見落としている可能性があります。なお第五種共同漁業権が設定されていないワカサギの漁場も多数存在します。（QGIS 3.14にて描画）

写真15　移殖によってワカサギ分布の南端となったとされる鰻池

この湖では、かつて年間3トンの漁獲が記録されています。西郷隆盛も入浴したとされる鰻温泉はこの湖の湖畔です。

Chapter

ワカサギの文化
～ワカサギを味わう

ワカサギの漁業

増田賢嗣

熊本県では1981年に50トンのワカサギの漁獲が記録されています[1)]。ワカサギは北国の魚というのが一般的なイメージですから、これは意外ではないでしょうか。元来、ワカサギは汽水の湖の魚ですが、内陸の湖沼にも移殖が可能です。そのため、現在では原産地と合わせて全国で300ヶ所以上のワカサギ生息地が確認されています。例えば、長野県の諏訪湖には、1915年に茨城県の霞ヶ浦からワカサギが移殖されました。するとワカサギはたちまちフナと並ぶ諏訪湖の漁獲物の主力となりました。1930年代の諏訪湖では、既に連年100トン前後のワカサギの漁獲がありました。これは、当時の諏訪湖の全漁獲物の30～70％も占めていたのです[2)]。活発な移殖の結果、分布の南限は鹿児島県の鰻池まで広がったとされています[3)]。

一方で、2020年に最も漁獲量が多かったのは青森県でした（図1）。その主産地は小川原湖（おがわらこ）です。この年、青森県に北海道、秋田県を加えた3道県で、日本全体の漁獲量の83.6％を占めていました（図1）[1)]。このように、ワカサギが北国の魚というイメージは間違っていないのです。そんなワカサギの漁獲量は、かつて日本全体で7千トンを上回った年もありましたが（写真1）、現在は1千トン前後です。これはマイワシの70万トン（2020年）はもちろん、タチウオの6千トン（2020年）よりも少ない量です[1)]（表1）。1千トンを日本の人口（1.2億人）

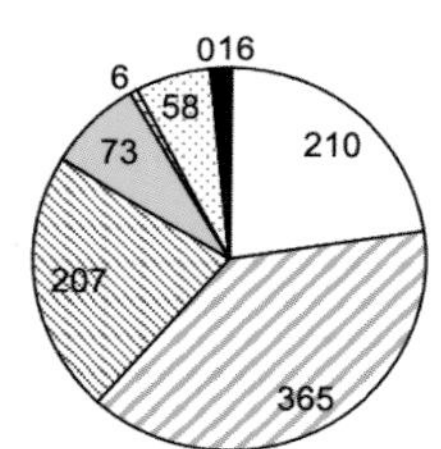

図1　主な県のワカサギの漁獲量（2020年）[1)]

写真1　昭和三十一年六月撮影
八郎潟佃煮製造業干拓補償期成同盟会員佃煮製造工場写真帳に掲載された、当時の佃煮製造工場の写真（佐藤食品株式会社所蔵、許可を得て転載）

八郎潟では昭和28年の調査では45軒の加工業者が数えられていました[16)]。

表1　1965年度以降の漁業・養殖業生産統計年報[1)]に1トン以上の漁獲が1度以上記載された湖沼

湖沼名	所在地	湖面標高（m）	水深（m）	面積（km^2）	最大漁獲量（トン）	年
パンケ沼（宗谷）	北海道	0.0	2.4	3.6	7	2003
網走湖	北海道	0.0	16.3	32.3	521	1984
藻琴湖	北海道	0.3	5.4	1.0	30	1978
濤沸湖	北海道	0.6	2.4	8.2	32	1965
塘路湖	北海道	6.0	6.9	6.3	67	1967
阿寒湖	北海道	420.0	44.8	13.3	146	1971
洞爺湖	北海道	83.9	179.7	70.7	1	1982
大沼・小沼	北海道	129.0	11.6	9.1	26	1982
小川原湖	青森県	0.0	26.5	62.0	1,409	1973
尾鮫沼	青森県			3.3	54	1988
田面木沼	青森県			1.6	30	1983
鷹架沼	青森県			5.4	20	1983
市柳沼	青森県			1.8	25	1983
十三湖	青森県	0.0	1.5	17.8	24	1968
十和田湖	青森県 / 秋田県	400.0	326.8	61.1	218	1991
八郎湖	秋田県	0.7	11.3	27.8	1,456	1965
桧原湖	福島県	822.0	30.5	10.9	50	2005
北浦	茨城県	0.3	10.0	35.0	651	1979
外浪逆浦	茨城県	0.2	23.3	5.9		
霞ヶ浦	茨城県	0.2	11.9	168.2	1,986	1965
涸沼	茨城県			9.3	16	1986
牛久沼	茨城県	2.9	3.5	3.5	12	1975
中禅寺湖	栃木県	1,269.0	163.0	11.9	2	1989
榛名湖	群馬県			1.2	3	1982
印旛沼	千葉県	1.5	4.8	9.4	42	1975
手賀沼	千葉県			4.0	7	1966
芦ノ湖	神奈川県	724.5	40.6	7.0	36	1983
福島潟	新潟県				1	1973
邑知潟	石川県				3	1965
河北潟	石川県	0.3	4.8	4.2	80	1966
北潟湖	石川県 / 福井県	0.3	3.7	2.2	16	1974
三方湖	福井県	0.0	3.4	3.6	64	1982
水月湖	福井県	0.0	33.7	4.2		
菅湖	福井県	0.0	13.7	0.9		
久々子湖	福井県	0.0	2.3	1.4		
精進湖	山梨県	900.0	12.6	0.5	5	1969
本栖湖	山梨県	900.0	121.2	4.7	1	1969
山中湖	山梨県	980.5	12.9	6.6	42	1966
河口湖	山梨県	830.5	14.0	5.5	61	1973
西湖	山梨県	900.0	71.5	2.1	20	1977
諏訪湖	長野県	759.0	7.6	12.8	425	1976
木崎湖	長野県			1.7	9	1975
青木湖	長野県			1.7	2	1972
琵琶湖	滋賀県	84.5	103.8	669.3	513	2004
余呉湖	滋賀県	132.0	12.7	1.8	2	1977
湖山池	鳥取県	0.0	6.5	7.0	50	1983
東郷湖	鳥取県	0.0	3.6	4.1	12	1988
宍道湖	島根県	0.0	8.3	79.3	586	1965
児島湖	岡山県				13	1967
鰻池	鹿児島県	122.0	55.8	1.2	3	1973

湖面標高、水深、面積は国土地理院サイト（https://www.gsi.go.jp/）に記載があるもののみを示しました。記載された漁獲量のうちの最大値と、それを記録した年を示しました．同じ漁獲量の年が複数ある場合には、新しい年を示しました。

で割れば、1人あたりはわずかに8～9g。これでは、なかなかお目に掛かれないのもやむをえません。

なぜワカサギは減少してしまったのでしょうか。原因の候補の1つは水温です。現在、上位3道県の漁獲量は、日本の総漁獲量の約8割を占めていますが、1970年代後半には5割前後でした（図2）。そして島根県の宍道湖（しんじこ）では、猛暑と不漁とを関連付ける経験則が言い伝えられています[4)]。実際に1990年や1994年の宍道湖や2010年の霞ヶ浦では、夏季の大規模な死亡が推定されています[4、5)]。水槽実験では、ワカサギは26℃以上で代謝異常を起こし、28℃で死亡する個体が現れるとされ[6)]、半数致死水温[※1]は29.1℃と推定されています[5)]。小川原湖や北海道の網走湖では、夏季でも底層に低水温の層が維持されていますが、それが無い浅い湖は、ワカサギにとって厳しい環境かもしれません（図3）。水温が低そうに見える諏訪湖でも、35.3℃まで水温が上がった記録があるのです[7)]。

しかし、ワカサギの減少との関連が考えられている要因は水温だけではありません。例えば、ワカサギの

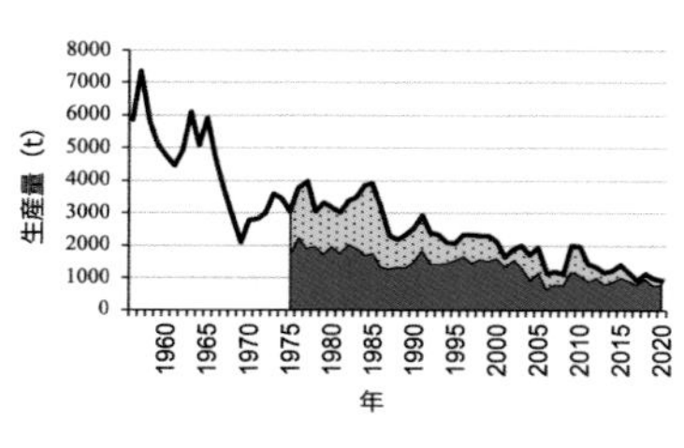

図2 ワカサギの漁獲量の推移と、そのうち北海道・青森県・秋田県の3道県が占める割合[1)]

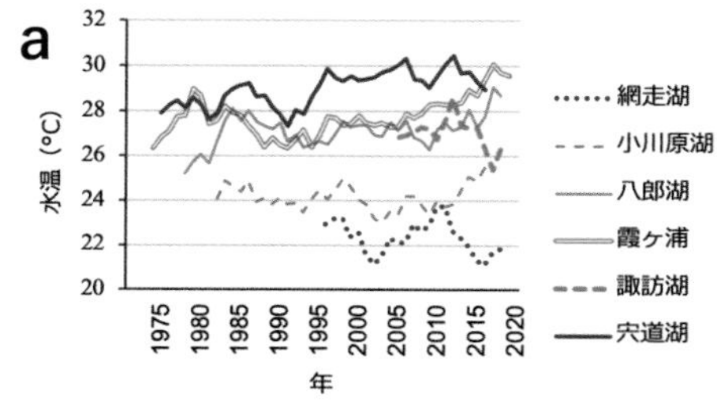

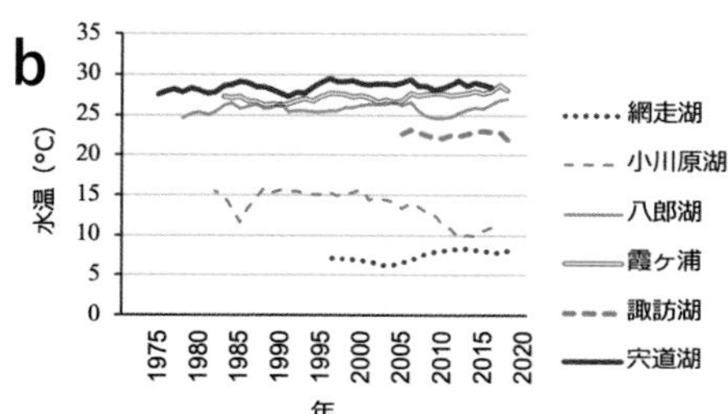

図3 主な湖沼の8月の水温。表層（a）と底層（b）について、各年1回の測定日における値を5年間移動平均で示しました[7、17-19)]

［1 半数致死水温］一定時間後に50％の魚が死亡する水温

ふ化時期と、ふ化仔魚のエサとなる小型のプランクトンの発生時期とが一致するかどうかは、ワカサギ仔稚魚の生残(せいざん)に影響を及ぼすと考えられています[8)]。また、魚食性魚類※2による影響も考えられ[9-11)]、実際にオオクチバスを駆除した結果、ワカサギ資源が復活した事例[12)]もあります。さらに、干拓が実施されれば、ワカサギが生息できる水域は物理的に減少します。1958～1977年の秋田県の八郎潟(はちろうがた)の干拓[13)]では、湖の面積が約220km²から47km²まで縮小しました[14)]。干拓前の八郎潟では、現在の日本全国の漁獲量よりもはるかに多い、数千トンものワカサギの漁獲が連年記録されていたのです。霞ヶ浦（西浦）においても、戦前戦後に面積の10％にあたる18km²が干拓されたとされています[15)]。

これらの要素のうち、何がワカサギの生活史を決定的に閉塞(へいそく)させているのかは、必ずしも明らかになっていません。上記の他にも考えられている要因はありますし、未知の要因が影響している可能性も否定できません。湖沼(こしょう)によっても異なるでしょう。対策を考えるとしても、広大な湖の水温変化に抗うのは困難ですし、干拓地に辛苦を重ねて築かれてきた人の営みを一朝にして覆すことは、軽々にできることではありません。また住民の関心事は、農林水産業成立の前提となる健全な生物多様性[20-23)]が全てではありません。

このような難しい状況ですが、湖沼におけるプランクトンの生息量を調査して、ワカサギ種卵の放流時期を検討する試みなどは、すでに行われています。山梨県の河口湖では2015年に、長年続いた低迷を脱してワカサギ資源が回復しています[8)]。条件が整えば、いまからでもワカサギは増えるのです。湧水や流入河川が湖の水温に局所的な影響を与えうることも知られています[24)]。湖がひとたびは耕地化されながらも、部分的にせよ、再度湖に戻された例もあります[25、26)]。これらの情報が手掛かりになる場合があるかもしれません。現在でも関東平野の小湖沼でのワカサギの生息はあり（「3章　ワカサギの釣り」参照）、ワカサギ釣りを謡(うた)うダム湖の釣り場は、南は九州に至るまで営業しています。希望を捨てるのはまだ早いのかもしれません。

［2 **魚食性魚類**］魚を食べる魚

ワカサギの歴史

ところでワカサギは、漢字で「公魚」と書きますが、これは麻生藩が霞ヶ浦産のワカサギを将軍家に献上して、公儀御用魚とされたことに由来するとされています[27]。

資料を確認してみましょう。人文学オープンデータ共同利用センターが提供している武鑑全集[28]を利用して、寛政武鑑（1789年）における献上物を確認すると、確かに麻生藩から「焼干わかさぎ」が献上されています。他にも守山藩と常陸府中藩から「干わかさぎ」の献上を確認できます。麻生藩や常陸府中藩の主な所領は、霞ヶ浦や北浦に近接していました。これらの所領は現在の茨城県に含まれます。また守山藩は陸奥に藩庁を構えていましたが、これも現在の茨城県内に存在する涸沼や北浦の湖畔にも所領がありました[29]。しかし、同様に霞ヶ浦湖畔に所領を有した水戸藩の献上品には、ワカサギが含まれていません[28]。他にワカサギ産地に所領を有した諸侯として盛岡藩、久保田藩、松江藩など錚々たる顔ぶれが見えますが、彼らの献上品の中にもワカサギは見当たりません[28]（表2）。なぜワカサギ

表2　寛政武鑑における主なワカサギ産地の諸侯からの冬季の献上品

湖沼名	苗字・名	居城地と、その現在の地名	石高	主な冬季の献上品
小川原湖	南部利敬	盛岡（陸奥岩手郡、盛岡市）	100,000	鮭披、薯蕷、初鱈、黄鷹、雉子
十三湖	津軽信明	弘前（陸奥津軽郡、弘前市）	46,000	串鮑、塩鱈、雉子
八郎潟	佐竹義和	久保田（出羽秋田郡、秋田市）	205,800	若黄鷹、塩引鮭、御盃台、鮭子籠
霞ヶ浦	徳川治保	水戸（常陸茨城郡、水戸市）	350,000	川尻肉醤、鮟鱇、甘漬鮭、雁、鶴、御盃台、御樽
霞ヶ浦	土屋泰直	土浦（常陸新治郡、土浦市）	95,000	雁、白鳥、御盃台
河北潟	前田治脩	金沢（加賀石川郡、金沢市）	1,022,700	鰤、鱈、御鷹、塩鮎、生絹、沢野牛蒡、鱈筋、串海鼠、松百鮓、御盃台、寒塩鯛
三方五湖	酒井忠貫	小浜（若狭遠敷郡、小浜市）	103,558	若狭鱸、仲鱈、若狭鰤、御盃台、若狭筆
宍道湖	松平治郷	松江（出雲島根郡、松江市）	186,000	鶴、鱸島鰤、御盃台、鯛、十六島海苔

の献上は常陸の小藩に限られたのでしょうか。筆者（増田）が理解できた範囲では、同武鑑における献上品から、サケ、アユなど、ワカサギも含めて9種の河川湖沼の魚を確認することができます（表3）[28]。このうちシラウオについては、岡山藩や鹿児島藩から献上されているので（表4）[28]、ワカサギについても輸送の問題で遠方の産地から献上できなかったわけではないと考えられます。浅見雅男さんの著書「華族誕生」には、「家格がちがえば（中略）将軍に領内の名産を献上する回数までちがってくる」とあります[30]。裏を返せば、将軍家への名産の献上は家格を示す大切な行事だ、というわけです。してみるとワカサギは、残念ながら当時にあって、魚類の中の最高級品という扱いではなかったのかもしれません。一方で、将軍家への献上品として恥ずかしくない程度の格は認められており、また江戸時代の霞ヶ浦では、確実な調達を見込めるだけの、安定したワカサギの漁獲があったのではないでしょうか。

表3　寛政武鑑における献上品のうちの淡水魚の品目

魚種名	寛政武鑑における表記	家数	件数
サケ	鮭	39	67
アユ	鮎、うるか	30	37
フナ	鮒	7	9
マス	鱒	7	7
シラウオ	白魚、鱠残魚	6	6
ハヤ	鰷	4	5
ワカサギ	わかさぎ	3	3
コイ	鯉	2	2
カジカ	鰍	2	2

表4　寛政武鑑においてワカサギ、シラウオの献上が記録されている諸侯

	献上品	献上の時期	苗字・名	居城地と、その現在の地名	石高
ワカサギ	干わかさぎ	2月	松平頼亮	守山（陸奥田村郡、郡山市）	20,000
	干わかさぎ	2月	松平頼前	府中（常陸新治郡、石岡市）	20,000
	焼干わかさぎ	不特定	新庄直規	麻生（常陸行方郡、行方市）	10,000
シラウオ	干鱠残魚	寒中	三宅康邦	田原（三河渥美郡、田原市）	12,000
	白魚目刺	2月～3月中	土井利制	刈谷（三河碧海郡、刈谷市）	23,000
	白魚目刺	2月	松平忠功	桑名（伊勢桑名郡、桑名市）	100,000
	白魚目刺	2月	増山正賢	長島（伊勢桑名郡、桑名市）	23,000
	干白魚	正月3日	池田治政	岡山（備前御野郡、岡山市）	315,200
	干鱠残魚	9月	島津斉宣	鹿児島（薩摩鹿児島郡、鹿児島市）	770,800

他に筑後柳河藩から「鮮塩辛」の献上があり、鮮の読み方のひとつにシラウオがあるようですが、ここでは鮮についてはアミであろうと判断しました。

では、ワカサギはいつから食べられていたのでしょうか。「魚の手帖」という本には、15世紀前頃の車屋本謡曲・桜川の「桜いをと聞くもなつかしや」なる文句や、1548年に編纂された運歩色葉なる書物の「国栖　クス<略>吉野桜落入水作魚、故日桜魚」なる文句が紹介されています[31]。ここにいう「桜いを」「桜魚」がワカサギのことで、遅くとも室町時代の日本では、ワカサギが認識されていたようです。一方で、江戸時代初期まで霞ヶ浦にワカサギはいなかったのだと主張する古文書が残されています[32]。そもそも霞ヶ浦は、室町時代まで香取海と呼ばれる、海水が入り込んだ湾の一部でした（写真2、写真3）[33-35]。ですから、その時点でワカサギが見られなかったとする主張を荒唐無稽と切って捨てることもできません。宍道湖もかつては海でした。有史[※3]時代に入ってのちも、日本海への出口である中海湾口の状況によって、あるいは斐伊川東遷の影響によって、淡水と汽水の間を何度も揺れ動いてきたとされます（図3）[36]。ワカサギが生息する湖沼の環境変化はかくも激しく、ワカサギは

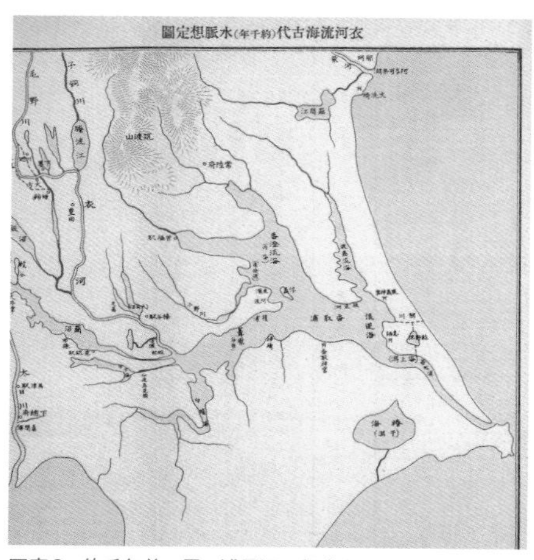

写真2　約千年前の霞ヶ浦周辺の想定される地形

衣河流海古代（約千年）水脈想定図。吉田（1910）[38]に所収の図を撮影。利根川河口左岸の低地（ほぼ神栖市にあたる半島状の地域です）は、6000年前にはまだ形成されていなかったと考えられています[33-35]。したがって、この半島が形成されて香取海（この図では香取浦）の入り口が閉じ、袋状の湾になったのも、エジプトのピラミッドやバビロンのハンムラビ王の登場とどちらが古いかわからない、という程度の長さの歴史しかないのです。

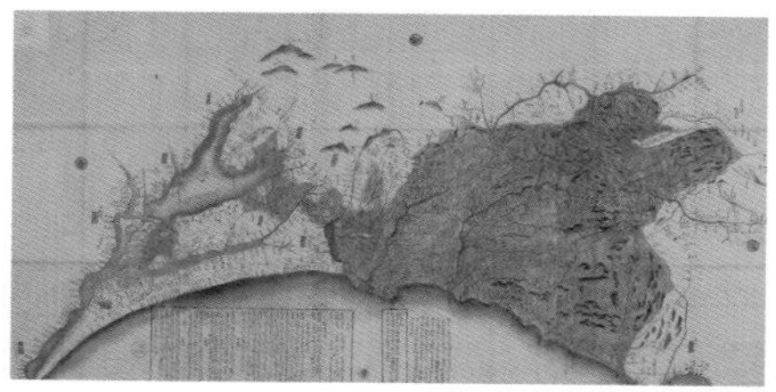

写真3　水戸領図（茨城県立図書館所蔵）

この図が描かれた1845年の時点でも、まだ霞ヶ浦と利根川の合流点付近が陸地化していない様子が分かります。

［3 **有史**］文字で記録された史料があること。歴史があること[40]

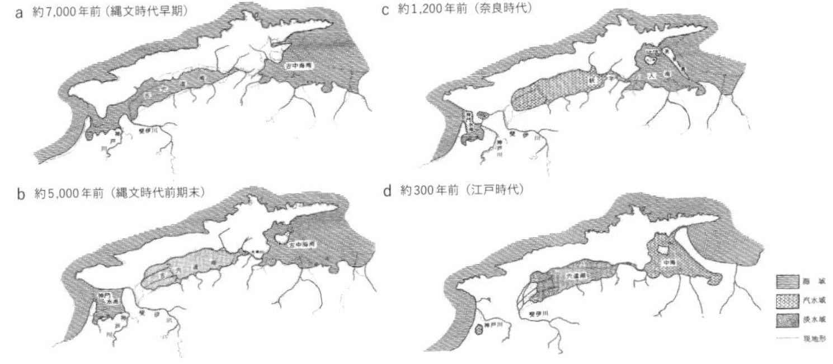

図3　宍道湖の地形変化（徳岡ら（1990）[36] 図7より日本地質学会の許可を得て改変）

かつては湾でしたが（a）、堆積によって湾口が塞がって淡水湖になりました（b）。その後、中海湾口がいったん閉じたものの、海進によって中海の出口が広がったことから宍道湖も汽水化しましたが（c）、中海の湾口が再度塞がり、斐伊川の流れが変わって宍道湖に流れ込むことによって再度淡水化しました（d）。この後、江戸時代末期以降に再度汽水化したとされます。

その中を逞しく生き延びてきたのです。そしてそれに対応して、人々とワカサギの付き合いの様相も刻々変化してきただろうと想像されます。

ワカサギの漁業のあゆみ

増田賢嗣

ワカサギ漁の漁法は、船曳網、定置網、刺網といった網漁が主体です。とりわけ印象的なのは、霞ヶ浦伝統の帆曳網漁でしょう。現在はトロールと呼ばれる、動力船による曳網漁で置き換えられ、帆曳網漁は観光用に存続するのみですが（写真4）、往時は霞ヶ浦漁業の主役でした。その様子は茨城県水産試験場の「茨城の

写真4　かすみがうら市の観光帆曳船

現在、行方市、土浦市、かすみがうら市の3市では、写真のような観光のための帆曳船が操業しています。また、かすみがうら市の観光帆曳船乗船所からほど近いかすみがうら市歴史博物館では帆曳船の歴史をわかりやすく学ぶことができるほか、4階展望台からは操業する観光帆曳船を眺めることもできます。なお4-4章では、昭和末期に実際に稼働していた帆曳船の貴重な写真が掲載されています。ぜひご覧ください。

水産 昭和7年」[41] に、「5,6メートルの小舟に恐ろしく膨大な帆を掲げて横走し、嚢網を曳いて中層のワカサギ又は上層のシラウヲを漁獲するもの」と描写されています。帆曳船は「横走」するのですね(写真5)。この様子は当時から壮観とされ、1929年には天皇陛下がご覧になりました[41]。帆曳網漁は1880年に新治郡坂村(現在のかすみがうら市)の折本良平によってシラウオ漁を目的として発明され、1889年には同じく坂村の柳沢徳太郎がワカサギ用にこれを改造したとされています(写真6)[41-43]。霞ヶ浦・北浦の帆曳網は、1901年には早くも220統を算え[44]、1950年代後半には霞ヶ浦のワカサギの65～72%が帆曳網漁によって漁獲されていました[45]。帆曳船を駆使した霞ヶ浦・北浦のワカサギの漁獲量は、明治末期には既に500トン前後に達していました(図4)[44]。そして1965年には2,596トンものワカサギの漁獲があり、これは全国の漁獲量の47%を占めていたのです[46]。この帆曳網漁は、新治郡田伏村(現在のかすみがうら市)の坂本金吉、すなわち歌手の坂本九さんの祖父によって、1903～1908年ごろに八郎潟にも伝えられました[47、48]。このように、霞ヶ浦は近年まで、日本のワカサギ漁業をリードしてきたのです。

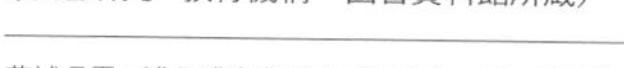

写真5 帆曳網漁
(水産研究・教育機構 図書資料館所蔵)

茨城県霞ヶ浦北浦漁業基本調査報告 第一巻所収。

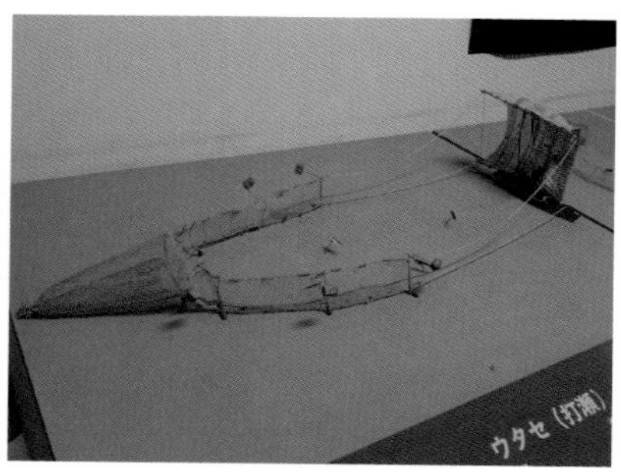

写真6 帆曳船の模式図
(八郎潟漁撈用具収蔵庫所蔵 許可を得て撮影)

うたせ網の全体像(模型)。霞ヶ浦の帆曳網は、八郎潟に伝わってうたせ網と呼ばれました。なお田草川善助の論文「霞ヶ浦の帆曳網漁船」[43] の図3には、田草川氏による見事な帆曳船の模式図があります。ご興味がある方はご覧ください。

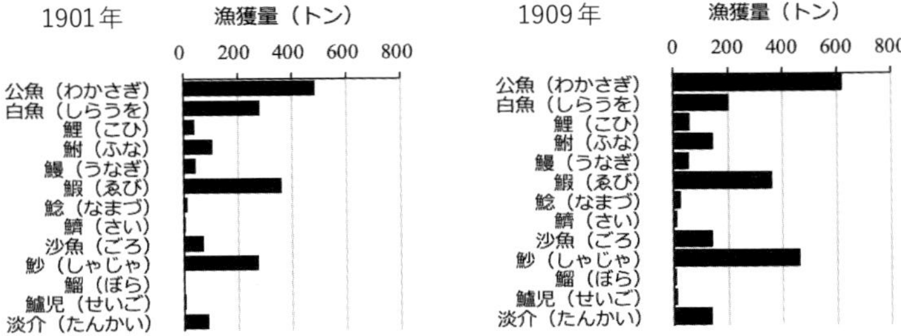

図4　明治時代の霞ヶ浦・北浦の漁獲量（茨城県霞ヶ浦北浦漁業基本調査報告　第一巻（水産研究・教育機構　図書資料館所蔵）[44)] より作成）

表記および振り仮名は原典に従いました。さい：ニゴイ。ごろ：くろごろ（チチブ）、とらごろ（ヨシノボリ）、やなぎつば（ウキゴリ）などの総称。しゃじゃ：イサザアミ。「いさざ」とも表記されます。たんかい：大型二枚貝。主としてからすがひ（カラスガイ）。

ところでワカサギは1年で成熟[※4]し、また成熟期が春であるという特徴から、漁期は秋から冬が中心になります。ワカサギの漁場のなかには冬季に結氷する湖沼もあります。このような湖沼では、氷に穴を穿ち氷の下で網を引く「氷下引網漁」という特色ある漁法によってワカサギが漁獲されてきました（写真7）。日本における氷下引網漁は諏訪湖が発祥地で、遅くとも戦国時代末期には行われていました[49、50)]。それを1794年に、現在の秋田市にあたる秋田郡久保田の商人・高桑與四郎が八郎潟に伝え（写真8）[50、51)]、

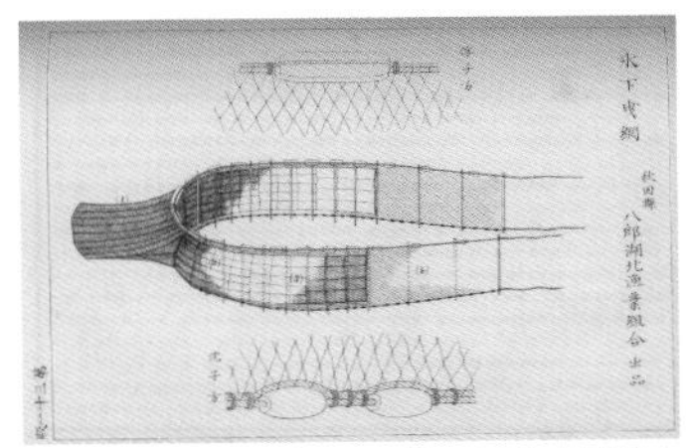

写真7　氷下曳網漁の図（第二回水産博覧会審査報告（1885）（水産研究・教育機構　図書資料館所蔵）所収）

写真8　氷下漁業を描いた絵画（画：高橋嘉右衛門　八郎潟漁業用具収蔵庫所蔵　許可を得て撮影）

[4 成熟] 卵・精子が受精可能になる現象。

これがさらに明治末期に八郎潟から小川原湖に伝わり、また秋田県出身の移民によって網走湖にも伝わったものと推定されています[50、51]。そしてこの漁法は、網走湖ではいまも現役で行われており（写真9）、阿寒(あかん)湖や小川原湖でもときに行われます。江戸時代の諏訪湖にワカサギはまだおらず、氷下引網漁は寒ゴイ・寒ブナを目的とした漁法であったのですが[49]、八郎潟ではこの漁法によって冬季のワカサギ漁が可能となりました。危険ながらも冬季に貴重な潟(かた)の恵みを生み出してきたこの漁法への思いはひとしおのようで（写真10）、「八郎潟(はちろうがた)　潟語(かたがた)り」という本には、その熱い気持ちが綴(つづ)られています[52]。それにしても、帆曳網漁と氷下引網漁と、二つながらものにした八郎潟の漁師の進取[※5]の気性には驚かされます。また、それは日本の広い国土に育(はぐく)まれた文化の多様性の賜物(たまもの)と言えるかもしれません。であるならば、食べ方においてもまた、土地の文化に根差した素晴らしいものが各地に生み出されているのではないでしょうか。次にそれを見てみましょう。

写真9　網走湖の氷下漁
（写真提供：西網走漁業協同組合）

網走湖では伝統の氷下引網漁が現在も行われています。

写真10　氷下引網漁に用いられた「テジカラ」（潟上市の天王グリーンランド（道の駅てんのう）内の「潟の民俗展示室」にて許可を得て撮影）

かつての八郎潟では、これを用いて氷に穴を穿っていました。

［5 **進取**］慣習などにとらわれず、進んで新しいことに取り組もうとすること。[53]

ワカサギを食べる

増田賢嗣

上田勝彦さんが著書「ウエカツの目からウロコの魚料理」の中で挙げた47種のレシピには、ワカサギが「File33 ワカサギの唐揚げ」として、河川湖沼の魚のうちで唯一取り上げられています[54]。また粟屋充さんは、「魚・さかな・肴」という随筆で、魚に関する「3章　ワカサギの釣り」の見聞を連ねていますが、その中にも榛名(はるな)湖(こ)のワカサギが涸沼川のハゼと並んで、河川湖沼の魚としては唯二つ収まっています[55]。著者の好みと言ってしまえばそれまでですが、ワカサギを高く評する人がいるとは言えるのではないでしょうか。

写真11　ワカサギのてんぷら

阿寒湖で釣れたてを揚げていただいたもの。筆者撮影。阿寒湖漁協での佃煮の販売もあります。

ワカサギの味は「淡泊(たんぱく)」と形容されます[56、57]。その特徴を活かした調理法として、大阪あべの辻調理師専門学校編の「料理材料の基礎知識」では「淡泊な身で、小さいため、骨ごと唐揚げ、魚田(ぎょでん)、南蛮漬けにする」としています[56]（写真11)。粟屋充さんも「まずフライ、天ぷら、白焼きを推奨」しています[55]。山梨県水産技術センターによるアンケート調査でも、ワカサギの好きな食べ方としては天ぷら、フライ、唐揚げで88％を占めていました[58]（写真12)。このように、ワカサギを食べるにあたって第一に思い浮かぶのは揚げ物で

写真12　ワカサギのフライ（山梨県甲府市の「七賢酒造」にて、許可を得て撮影）

ワカサギは主役も脇役も務まるオールラウンドプレイヤーです。手前は山梨県が誇るご当地サーモン「富士の介」。

写真13　ワカサギの定食（栃木県の中禅寺湖畔の「味処桝屋」にて、許可を得て撮影）

フライと唐揚げ。否応なしに山国の気分を盛り上げてくれます。

写真14　ワカサギの飴煮（上）と煮干し（下）
（写真提供：小沼水産株式会社）

霞ヶ浦周辺では煮干しが親しまれています。

しょう（写真13）。その上で、粟屋充さんは「特製ワカサギ丼」を[55)]、また末広恭雄さんは著書「魚の博物事典」の中で「ワカサギの焼きぼし」を[57)]特に挙げています。捨てる部分が無く、骨ごと食べられるのもワカサギの特長です。粟屋充さんはこの点を、「料理といっても、まるごと食べるものだから、何も必要なし」と表現しています[55)]。

産地ではどのようにワカサギを食べてきたのでしょうか？筑波学院大学の古家晴美教授は、ウェブメディア「NEWS つくば」で、茨城県南部の食文化として「ワカサギの“煮干し”（写真14）は、ご飯のおかずやおやつ、おつまみなどの食用が中心」「日常、食卓に上るのは、このような煮干しに醤油（しょうゆ）をかけたものが中心」とし、その他に「生干しにしたものを焼いた“焼きワカサギ”」「焼いてから煮る焼き浸し」などの利用法を紹介しています[59、60)]。古家教授によれば、現在でもお正月のお雑煮にワカサギの煮干しで出汁をとったり、ワカサギの昆布巻きを作ったりするお宅もあるそうです。茨城県の小沼水産株式会社さんのお話によると、煮干しには特にワカサギの味の違いが顕れやすいとのことでした。かたや島根県では、アマサギと呼ばれて宍道湖七珍[※6]の一つに数えられ、つけ焼き（もしくは照り焼き）が知られ

［6 **宍道湖七珍**］宍道湖の名産であるシラウオ、アマサギ、スズキ、コイ、エビ、シジミ、ウナギの七品をさします。しまね観光ナビ[67)]ではシラウオの酢味噌、アマサギの照焼き、スズキの奉書焼、コイの糸づくり、モロゲエビ、シジミ汁、ウナギとして紹介されています。

写真15　アマサギのつけ焼き（写真提供：松江観光協会）

宍道湖周辺で一般的だった料理です。ワカサギは宍道湖ではアマサギと呼ばれます。

写真16　ワカサギの生炊き（上）とから揚げ（下）
(写真提供：佐藤食品株式会社)

八郎潟ではから揚げも好まれます。なお6月29日は佃煮の日です。その機にはぜひ1品、試してみてください。

ています（写真15）。つけ焼きとは、宍道湖漁業協同組合の桑原正樹さんによれば、濃口醤油とお好みで味醂(みりん)、日本酒、砂糖を使う漬けタレに暫時(ざんじ)ひたし、再度焼き上げるのだそうです。また熱々(あつあつ)のご飯にのせ、番茶を注いで食べる「柳がけ」なる料理も知られています[61]。そして、霞ヶ浦でも宍道湖でも強調されたのが、「その味は地元のワカサギでないと出ないのだ」ということです。それを考えると、霞ヶ浦の煮干しからは地元のワカサギの味への純朴(じゅんぼく)な信頼と愛情が、宍道湖のつけ焼きからは、技術と組み合わせの妙によって地元のワカサギの最高の味を引き出す豊かな食文化の存在がうかがわれるのではないでしょうか。そのほか、秋田県ではから揚げが多く購入され（写真16）、北海道ではかつて筏焼(いかだや)きがよく売れていました[62]。

表5　霞ヶ浦・北浦のワカサギ加工品（2020年）

	数量(a)	金額(b)	単価(b/a)
	トン	千円	円/kg
わかさぎ煮干	35.6	112,972	3,173
わかさぎ佃煮	310.6	430,479	1,386
焼わかさぎ	37.9	40,646	1,072

茨城県「霞ヶ浦北浦の水産」[66]より。

表6　霞ヶ浦・北浦の魚種別佃煮生産量（2020年）

	数量(a)	金額(b)	単価(b/a)
	トン	千円	円/kg
わかさぎ佃煮	310.6	430,479	1,386
しらうお佃煮	82.3	113,545	1,380
はぜ佃煮	6.4	7,490	1,170
あみ佃煮	124.6	95,682	768
えび佃煮	134.3	127,795	952
ふな佃煮	9.3	11,891	1,279
その他の佃煮	219.5	309,973	1,412

茨城県「霞ヶ浦北浦の水産」[66]より。

また佃煮は多くの産地で親しまれているワカサギの食べ方です(表5、表6)。秋田県の佐藤食品株式会社さんのお話では、「保存も効くので、軍からの生産の要請もあったようだ」とのことでした。日本には各地に多くの種類の醤油があります。また製法も焼きを入れてから煮る「甘露煮」や「飴煮」、焼きを入れずに煮る「生炊き」など、様々な技術があります。そして重要な販路である地元の嗜好は無視できません。このような理由から、ひとくちに佃煮といっても全国画一のものではなく、多くのメーカーがより良い製品を目指して鎬を削っています。試みに各社の佃煮を食べ比べてみるのもよいかもしれません(写真17)。

写真17　千葉県の岡野川魚店で販売されていたワカサギの甘露煮(岡野川魚店の許可を得て撮影)

日本のワカサギの漁獲量はかつてより減りましたが、これを補ってきたのが輸入です(図5)。中華人民共和国、カナダ、ロシアなどからワカサギやその近縁種の輸入があるとされています。

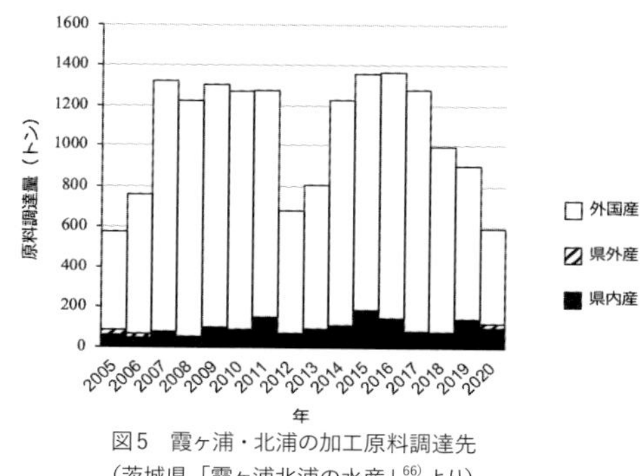

図5　霞ヶ浦・北浦の加工原料調達先
(茨城県「霞ヶ浦北浦の水産」[66]より)

そのうち中華人民共和国の状況については、工藤ら[63]による詳細な報告があります。それによれば、昭和10年代に当時の満洲国に移殖された[63、64]ワカサギは、のちにそこを基点に中華人民共和国の各地に移殖されました[63]。しかし中華人民共和国内の需要は少なく、漁獲物やその加工品は日本へ輸出されていました[63]。その規模は1980年代後半以降に急速に拡大して、1990年代後半には年間2,000トン規模に達し、日本市場において日本産と相半ばするに至りました[63]。最近の報告では、新疆ウイグル自治区のボステン湖で年間2,000トンのワカサギの漁獲があるとされています[65]。ここは、いにしえのシルクロードの要衝であった焉耆国※7の故地からほど近い湖です。同報告ではボステン湖の漁獲は主に日本への輸出に向けられ、日本市場の70％を占めているとしています[65]。もっとも2005年の工藤ら[63]の報告では、当時すでに中華人民共和国において国内需要を掘り起こす動きも報じていました。また外国の経済的な発展による原価上昇もあって、輸入を巡る情勢は厳しさを増しています。このままワカサギは日本国内の生産が不振のままに輸入の道が閉ざされ、私たちの手の届かないところに行ってしまうのでしょうか。あるいは、外国における需要拡大を、むしろ商機と捉えるべきでしょうか。

ワカサギの飼育

増田賢嗣

ワカサギの漁獲量が減少しているのであれば、養殖によって供給することはできないのでしょうか？

現在、養殖によるワカサギの供給は行われていませんが、ワカサギの飼育は可能です。都道府県の水産試験場で、ワカサギの継代飼育が実施されていた例もあります[73-75]。長年、ワカサギのふ化放流事業が各地で実施されているため、採卵からふ化までについては多くの研究があります。この工程は、水槽内で自然産卵させ、陶土※8によって卵の粘着性を除去し、ふ化筒を使って管理する「芦ノ湖方式」の開発によって、作業効率が向上し[76、77]、受精卵が発眼卵の段階まで至る確率も90％を超えるに至っています[77、78]。受精からふ化までの日数は積算水温※9に依存し、$T = 780.88 \times \theta^{-1.5594}$（T：日数、$\theta$：

［**7 焉耆国**］古代、中国の西方にあった国。現在の中華人民共和国新疆ウイグル自治区の中央部に存在していました[68]。吐谷渾、亀茲国、康居国、大宛国、大秦国とともに晋書[69]西戎伝に挙げられた6か国のうち1つ。なおこれら各国のうち、吐谷渾は現在の中華人民共和国青海省に[70]、亀茲国は現在の中華人民共和国新疆ウイグル自治区に[68]、康居国は現在のカザフスタンに[71]存在したとされます。大宛国は現在のウズベキスタンのフェルガナに[71]、大秦国は当時のローマ帝国に比定されています[72]。

［**8 陶土**］陶器を焼くための原料となる土です。神奈川県の芦之湖漁協による報告[76]では、愛知県瀬戸市産のものを用いています。

［**9 積算水温**］平均水温に日数を積算して求める温度[94]

水温）という式が示されています[78)]（写真18）。これまでの報告によれば、安全なふ化のためには水温は6～19℃、塩分は塩素量で6.7‰（0.67％）以下が適しているとされます[79)]。

写真18　ふ化管理中のワカサギ卵
（写真提供：河口湖漁業協同組合）

受精卵の段階では黄色っぽく見えるワカサギ卵ですが、眼が形成されて黒い色素ができ、「発眼卵」と呼ばれる段階になると、黒っぽく見えます。前列の右からの2本が発眼卵です。

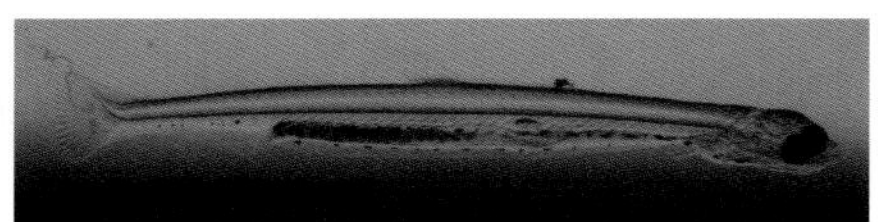

写真19　ワカサギの仔魚

ふ化後27日。バーは5 mm。

ワカサギの飼育工程で特に難しいのは、ふ化直後です。これまで知られている手法では、まず自然発生させたプランクトンが十分に存在する水槽を用意します[80、81)]。そこにワカサギの卵を収容し、成長するに従って、与えるプランクトンをより大きいものに変えていき、最後には配合飼料を与えて飼育します（表7）[78)]。ワカサギの仔魚（写真19）の飼育には、餌料用のプランクトンとして、海産魚の種苗生産で一般的に使用されているシオミズツボワムシ[82)]を使うことができます。シオミズツボワムシを使用するためにはワカサギの飼育水に塩分が必要であり、塩素量3‰（0.3％）[81)]、あるいは塩分

表7　過去の飼育事例におけるワカサギ仔魚飼育の餌料系列

文献	項目	餌料				
Sato (1952)[80)]	餌料	プランクトン[1]				
	ふ化後日数	0－飼育終了				
岩井・田中(1989)[81)]	餌料	養魚池プランクトン[2]	イースト培養ワムシ	ミジンコ	ノープリウス[3]	アユ用配合飼料
	ふ化後日数	ふ化直後	0–90	31–90	71－終了	20－飼育終了
井塚(2005)[78)]	餌料		S型シオミズツボワムシ	幼生アルテミア		配合飼料
	ふ化後日数		0–40	30–70		10－飼育終了
増田・宮本(2020)[87)]	餌料		SS型シオミズツボワムシ			マス用配合飼料
	ふ化後日数		0–50			7－飼育終了

1, 飼育水槽とは別の池で採取したプランクトン　2, 養魚池で採取したプランクトン（主として植物プランクトン）
3, 養魚池で採取したコペポーダのノープリウス

6.5‰（0.65％）[78]での飼育事例が報告されています。このような水質の水を安定して得られる環境は限られるので、閉鎖循環飼育システム[83]を前提とした種苗生産が研究されていくものと思われます。大型プランクトンとしては、アルテミア[78]やミジンコ[81]などが使われます。現在のワカサギの飼育手法はアユの飼育法をもとに考えられたものですが、ワカサギのふ化仔魚はアユよりも体も口も小さいので[84、85]、より小さなエサが求められていました。アユの仔魚の飼育に使われるシオミズツボワムシは、S型と呼ばれる背甲長190～250μm程度[86]の小型のものです（図6）。ところが、ワカサギのふ化仔魚は背甲長140 μm以下のものに対して選択性を示すとされています[78]。孵（かえ）りたてのシオミズツボワムシはより小さく、S型を用いてワカサギの仔魚を飼育することも可能であるとされていますが[78]、現在では、S型よりも小さい背甲長が170～190 μm程度[86]のSS型も使えることが明らかとなっています（写真20）[87]。S型もSS型も、シオミズツボワムシは30℃以下において高水温ほど増殖率が高いことが知られています[88]。このため、ワカサギの仔魚については高水温の限界、シオミズツボワムシについては低水温の限界を把握する必要があります。これまでに報告された飼育事例は、17.3～25.8℃の範囲で実施されています[81、87、89]。また、ワカ

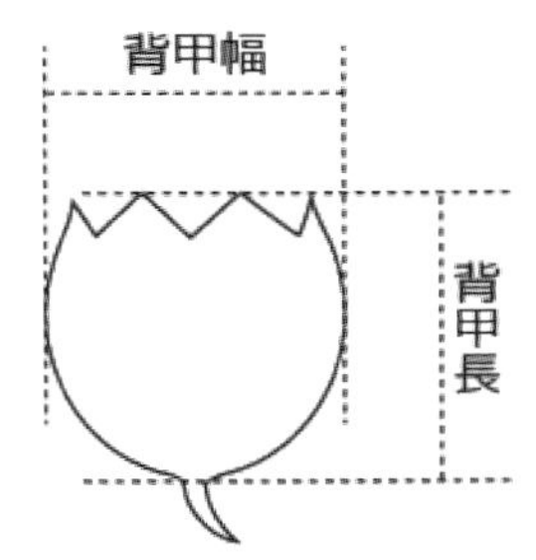

図6. シオミズツボワムシの背甲長と背甲幅の模式図

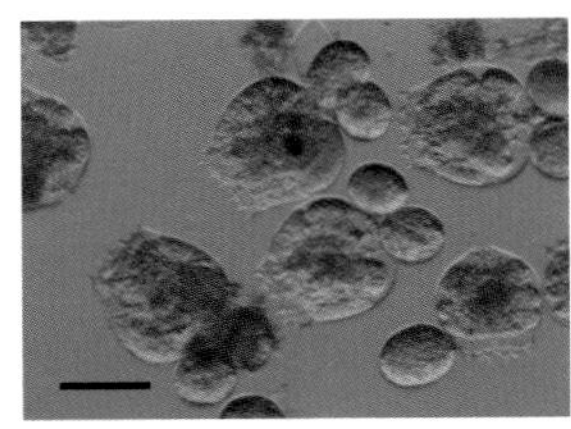
写真20　SS型シオミズツボワムシ

バーは100 μm。

写真21　飼育水槽中のワカサギ

ふ化後44日。平均全長19 mm程度。水槽の上から眺めた写真です。

サギの仔魚は食いだめができません（写真21）。そのため、飼育水槽内に必要なシオミズツボワムシの個体密度を、できるだけ長い時間、維持することが必要です[90]。ワカサギの仔魚の飼育においては、シオミズツボワムシに対するDHA強化の必要性はまだ検討されていません。

飼育下での成長については、ふ化後66日で全長28.3 mm[80]、ふ化後80日で全長31.0 mm[81]、あるいはふ化後72日で全長29.9 mm[87]などの報告があります（図7）。霞ヶ浦産の加工品には、最小で標準体長36.8 mmのワカサギが含まれていたという報告[91]がありますので、そのような情報をもとに飼育の目標となるサイズを検討し、必要な飼育期間を考えることになります。生残については、良好な事例としてふ化後100日で22.9–38.6％[78]、ふ化後90日で19.9％[81]、ふ化後72日で67.8％[87]という結果が報告されています。一方で、ほとんど生き残らないような飼育結果もたびたび経験するところであり、成績が安定する飼育手法は、依然として確立できていません。稚魚期に達すると、市販の配合飼料での飼育が可能となりますが（写真22）、稚魚期以降の適切な飼料や給餌条件についての検討もこれからの課題です。

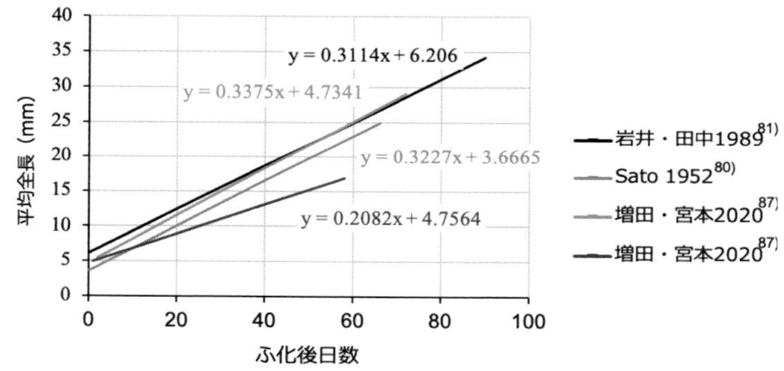

図7　過去の文献で示された、飼育下のワカサギの成長

漁獲物と比較すると、養殖は計画的で安定的な生産が可能であり[92]、また飼育環境や給餌履歴の記録によって生産物の品質の管理が可能です[93]。湖沼で漁獲されたワカサギについては、金属探知機やX線検査機による検

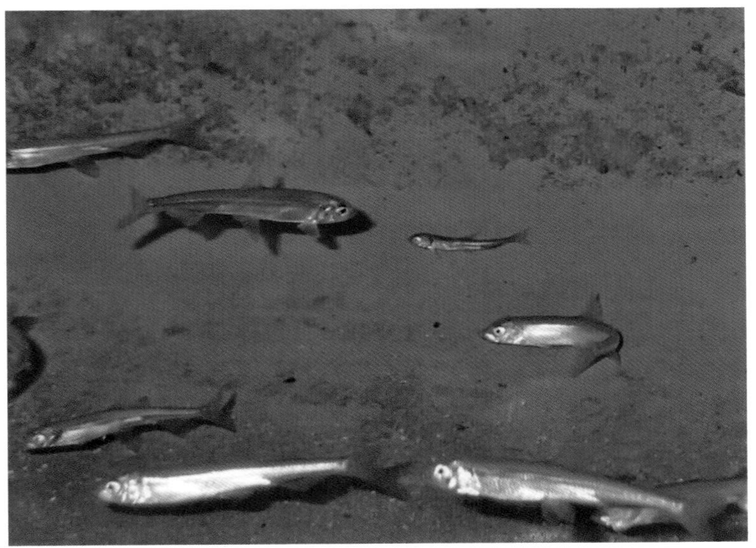

写真22　飼育水槽中のワカサギ

ふ化後164日。平均全長60 mm程度。水槽の中で、横から見た写真です。

査を実施して釣鈎（つりばり）などの混入を防いでいますが、養殖魚ならばその必要がありません。また、養殖の対象として考えると、ワカサギはまるごと食べることができるので、生産品の一部をアラとして廃棄する必要が無く、調理や加工のための下処理も必須ではありません。ワカサギが美味であることは改めて言うまでもありません。このような長所を活かして、養殖によってワカサギが供給されるためには、さらにいくつかの技術開発が必要です。餌料代をはじめとする飼育コストを削減するための技術開発や、ブリやカンパチで実現しているような、必要な時期に成熟させて受精卵を得るための技術開発[82)]などがそれです。ワカサギの仔魚の飼育技術の確立は、ワカサギの適切な生息環境を飼育実験によって検討するためにも必要です。ですから、飼育技術の進展に伴って、天然水域でのワカサギの保護・保全のために必要な知見もまた蓄積していくものと期待されます。

2章では、ワカサギの漁業と文化、料理、飼育について眺めてきました（写真23）。日本列島には少なくとも7千トン以上のワカサギを漁獲できる潜

写真23　三方湖（写真提供：甲斐嘉晃）

かつて若狭はワカサギの名産地として知られており[36]、霞ヶ浦では「若狭から来たからワカサギ」などという言い伝えもあったといいます[32]。

在能力があり、それを活用する需要と文化も存在するということが、おわかりいただけたと思います。確かにいま、ワカサギの漁獲は全盛期よりも減っています。しかしそれは、私たちが自然との向き合い方を何か間違えただけかもしれません。最新の科学技術をもとに、私たちの自然への向き合い方が進歩したならば、昔よりももっと自然が豊かになり、私たちは先人よりももっと自然の恵みを享（う）けることができるのではないでしょうか。

　これからもおいしいワカサギを食べ続けることができますように。

Chapter

ワカサギの釣り
～ワカサギを楽しむ

ワカサギの遊漁科学

久下敏宏

1. ワカサギ釣りの魅力

魚釣り（遊漁）の中でワカサギ釣りが人気を保っています。2018年漁業センサス[1)]（調査期間：2017年11月1日～2018年10月31日）によると、内水面（ないすいめん）[※1]の漁業協同組合から発行された1日券の遊漁承認証数は、コイ・フナ類42.4万枚（前回2013年：47.6万枚）、ワカサギ41.2万枚（同45.4万枚）、マス類39.5万枚（同44.5万枚）、アユ18.9万枚（同26.1万枚）と続きました。この漁業センサスは5年ごとに実施され、ワカサギは前回2013年[2)]と同じ第2位でした。前回に比べると全魚種で発行数は減少しましたが、ワカサギの減少率は約9%と最小でした（最大はアユの約27%）。

ワカサギ釣りの人気を下支えしている主な魅力として、魚釣り自体が未体験のビギナーや老若男女のファミリーにとっては「釣り具一式が他魚種より安価で、かつ小型なので保管や運搬に困らない」「防寒やトイレなどの設備、さらにレンタル釣具などが整った釣り場が増加している」「家庭で調理しやすい小魚で、廃棄率ゼロの簡易かつ多彩なレシピで食べられる」などが挙げられると思います。

一方、足繁（あししげ）く特定の釣り場に通う常連と呼ばれるようなベテランにとっては「電動リールや魚群探知機[※2]などの進化する釣り具により、釣果（ちょうか）向上に挑める」「釣り場や環境条件に応じて、装備や釣り方を独自に工夫できる」「遊漁料が他魚種より割安なので、長期に渡り何度も釣行（ちょうこう）しやすい」などが挙げられるでしょう。

ワカサギ釣りの技術的な手法は、名人による多くの雑誌や単行本、あるいはwebサイトのブログや動画を閲覧すれば理解できます。よって本章では、ワカサギの釣行日数が年間30日を超え、研究歴が通算30年に達する著者（久下（くげ））の経験則に科学的知見を加味した切り口で、ワカサギ釣りの楽しさや奥深さ、さらにルールやマナーも紹介、解説、提案します。

2. ワカサギ釣り場の分類

国内のワカサギ釣り場（遊漁が行われている水域）は、天然分布に加え移殖[※3]に伴う生息域拡大により、北海道から九州まで、沿岸部から内陸部まで広く分布するようになりました。特に、増殖事業（「3 ワカサギの増殖技術」参照）が以前から盛んな関東甲信地方以北には著名な釣り場が集中しています。それぞれが特色のある水域環境を有しており、地勢的観点も踏まえて全国の釣り場を類型化してみました（図1）。

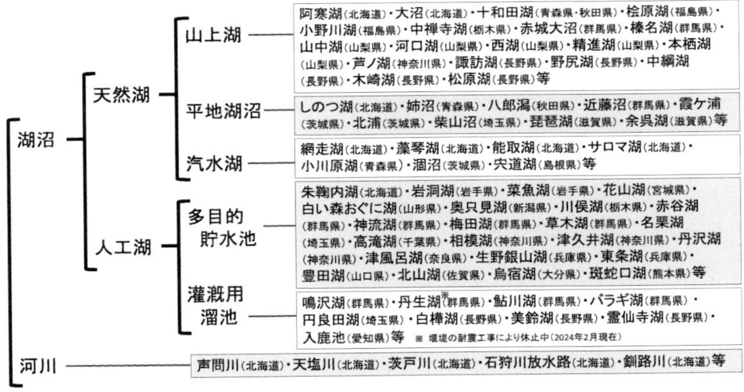

図1　主なワカサギ釣り場の類型

湖沼の釣り場を天然湖と人工湖に二分し、前者は「山上湖」「平地湖沼」そして「汽水湖」に、後者は「多目的貯水池」と「灌漑(かんがい)用溜池」に大別しました。一言でそれぞれの特徴を挙げるとすれば、山間部に位置する「山上湖」は、季節による湖内の環境変化が大きく、関東地方では湖面標高が1,000m以上で、北海道の湖沼河川のように結氷する釣り場もあります。平野部に位置する「平地湖沼」は、都市部に近いため社会活動による富栄養(ふえいよう)[※4]化が認められますが気軽に訪れることができます。海岸部に位置する

[1 内水面] 河川や湖沼のことです。一方、海は「海面」と呼びます。なお、漁業法上、能取(のとろ)湖、サロマ湖、霞ヶ浦、琵琶湖などは漁業実態から「海面」として扱われます。

[2 魚群探知機] 超音波の反射を利用して水中の魚群や障害物を画面に映し出す電子機器のことです。Fish finder あるいはDepth finderとも呼びます。

[3 移殖] 動物（魚）を他の場所（水域）に移して繁殖させることです。なお、植物の場合は「移植」と表記します。

[4 富栄養] プランクトンなどの栄養分である窒素やリンが多いことです。一般的には汚濁している水質の状態です。

「汽水湖」[※5]は、塩分濃度の差異による特異な湖内環境を有し、古くから漁業が盛んです。ハイダム[※6]により山間部に出現した「多目的貯水池」は、急深で水位変動が激しく、急斜面で足場が悪いため湖岸からの釣りは限定されます。平地から丘陵地に点在する農業用水として使われる「灌漑用溜池」は、ヘラブナ釣り場としても利用される場合が多く、田植え時期には換水率が上昇します。

河川の釣り場は、天然分布している北海道の河川下流域に多く、潮汐(ちょうせき)の影響を多かれ少なかれ受ける場合があります。

これらの多くは、漁業法の第五種共同漁業権[※7]に基づき、漁業協同組合が増殖義務を負いながら、遊漁者から遊漁料を徴収して漁場を管理することで成り立っています。地方公共団体や民間企業(養殖業者)などが、ワカサギの養殖業を営んでいる灌漑用溜池など(第二種区画漁業権[※8]漁場も含む)や私有水面[※9]もありますが、実態は第五種共同漁業権漁場と同様の増殖事業を行いながら釣り場として利用されています。

3. ワカサギの釣り方

ワカサギ釣りも、資源保護や保安上の観点から都道府県の漁業調整規則[※10]や漁業協同組合の遊漁規則[※11]などで、禁漁期間(産卵期や稚魚期など)、禁止漁法(火光(かこう)使用や撒き餌など)、禁止区域(産卵場やダムサイト[※12]など)などが設けられていますので十分な注意が必要です。

釣り方としては、釣り座(釣る場所)の状況によりボート釣り、桟橋釣り、氷上釣り、陸(おか)釣りに大別され、それぞれに応じた技術や装備が求められま

[**5 汽水湖**] 海岸付近にあり海水と淡水の中間の塩分を有する汽水を湛(たた)える湖沼のことです。比重の関係で上層は淡水、下層は海水が分布しています。
[**6 ハイダム**] 堤高15m以上のダムのことです。一方、15m未満のダムは「ローダム」と呼ばれます。
[**7 第五種共同漁業権**] 漁業法に基づく漁業権の一種のことです。内水面の漁業協同組合に免許され、漁業権魚種の増殖義務を負います。
[**8 第二種区画漁業権**] 漁業法に基づく漁業権の一種のことです。土や石などによって囲まれた水域で行われる養殖業が含まれます。
[**9 私有水面**] 河川湖沼、海、その他の公共の用に供する水面「公有水面」以外で、私有地内にある水面のことです。
[**10 漁業調整規則**] 都道府県知事が漁業法や水産資源保護法に基づき農林水産大臣の許可を受けて定めた規則のことです。
[**11 遊漁規則**] 各漁業協同組合が都道府県知事の許可を受けて定めた釣り人の遊漁に関する規則のことです。
[**12 ダムサイト**] ダム本体の建設場所あるいはその周辺のことです。

す[3)]。以前は露天が通常でしたが、寒さ・風雨・紫外線を避けられる全天候型のドーム船・ドーム桟橋・氷上テントが導入されてきており、天候や好みに応じて多種多彩な釣り方と釣り場を選択できるようになったのもワカサギ釣りの大きな魅力です。いずれも釣り糸の最下端に錘を付け、その上に複数の釣り針を結んだ胴付き仕掛けを用います。20cm 程の短竿から3m 程の長竿まで釣り座に応じて竿は使い分け、繊細な当たりを取る氷上や、釣り座のスペースが限られるドーム船とドーム桟橋は必然的に短竿のみとなります。手動あるいは電動のリールを竿に付けて誘いますが、2セットを左右の腕でそれぞれ扱う二刀流の釣り人が増えました。手羽竿と呼ばれるリール無しの短竿で糸を手繰って釣る風流な釣り人もいます（写真1）。

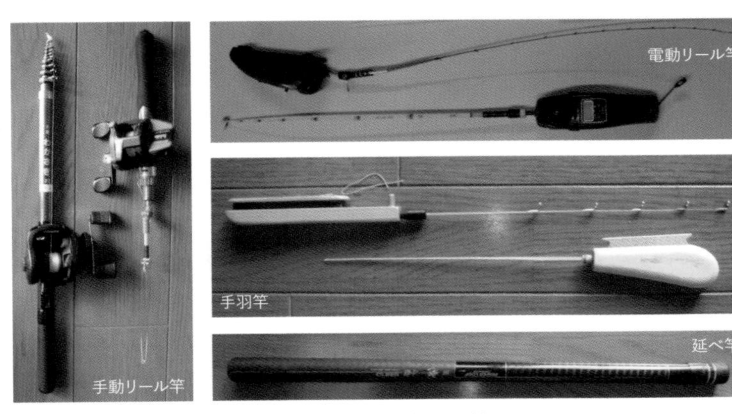

写真1　手動（手巻き）リール竿、電動リール竿、手羽竿、延べ竿

ボート釣り

2～3人乗り用のボートで、ここぞと思うポイントに自ら向かい、錨泊※13または張られているロープに係留※14して釣るのが一般的です。その際、魚群探知機で群れを探し当ててから投錨※15あるいは結索※16するのが効率的です。近年、魚群探知機の小型・高性能化が進み、GPS（全地球測位システム）や発信超音波の周波数切り替え機能を備えるようになり、魚群探索

[13 **錨泊**] 船の錨を下ろして一か所に止まることです。
[14 **係留**] 船などの浮遊物を繋いで留め置くことです。
[15 **投錨**] 船の錨を下ろすことです。
[16 **結索**] ロープを他の物に結び付けることです。

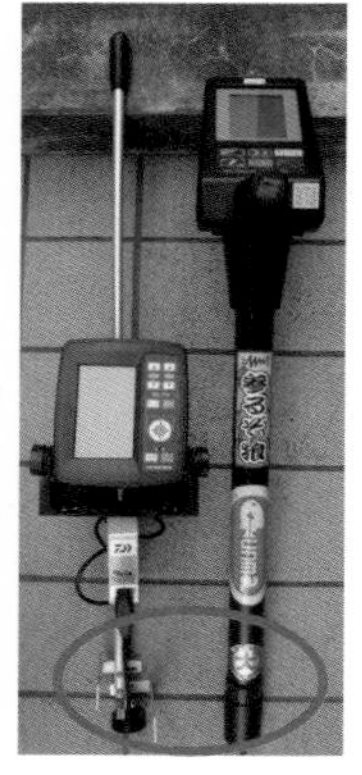

写真2
魚群探知機と振動子（赤丸）

の精度などが向上しました（写真2）。また、オールによる手漕ぎボートに、電動船外機（エレクトリック・モーター）の取り付けを認めている釣り場が増えています。投錨や抜錨（ばつびょう）※17の際、あるいは高速船通過による航跡波は、低姿勢でもバランスを崩して落水し易いので、ベテランでも細心の注意を払いましょう。著者の約40年間で数百回に及ぶ船上歴で落水は2回あり、いずれも平穏時の気の緩みによる慣れが原因でした。泳力に絶大の自信があっても、着衣泳は水の抵抗を想像以上に受けるので、急激に体力を消耗します。必ず乗船時にライフジャケット（救命胴衣）を着用し、落水時はホイッスルを鳴らして浮きながら救助を待つことを原則としましょう。ホイッスルは、コルク玉が入ったピー型ではなく、水濡れに強いビート（ピーレス）型を携行すべきです。また、防水コンパスは、携帯電話のアプリよりも緊急時の使い勝手が良く、濃霧時の航行にも役立ちます。携帯電話を敢えて船上に持ち込まない釣り人も見受けられますが、オールが折れたり怪我をしたりした際など、救助を求めるため必携でしょう。著者は、天候急変で強い向かい風での帰還中にオールが折れ、ボート発着場の遥か対岸に漂着して迎えを呼んだ経験があります。

ドーム船には、自走式と停留式があります。山中湖（やまなかこ）（山梨県）の数十人が乗船可能な大型自走式ドーム船は、トイレはもちろん電子レンジまで完備し、厳冬期でも暖房が効いて快適なため人気を博しています[4)]。榛名湖（はるなこ）（群馬

[17 抜錨] 船の錨を上げることです。
[18 振動子] パルス電流による超音波を発信・受信をする魚群探知機の検出器のことで、トランスデューサー（Transducer）とも呼びます。

写真3　榛名湖におけるボート釣り遠景（左）・船内（右）（写真提供：郡直道）

写真4　山中湖におけるドーム船釣り遠景（左）・船内（右）（写真提供：郡直道）

県）には、電動船外機で推進する2人乗り用の小型ドーム船があり、カップルやビギナーに人気です（写真3、写真4）。

桟橋釣り

岸に接続した桟橋から釣るのが一般的です。駐車場やトイレの近くに浮き桟橋が設置してある釣り場が多く、とても便利で安全です。また、ビニルで覆ったドーム桟橋は風雨が凌げて人気があります[5)]。寒さ対策としてもドーム化することは有効で、ビギナーや女性の増加も期待されます[6)]。さらに、桟橋なので操船技術を要せず、他の釣り人とのコミュニケーションが取りやすく、かつ、ベテランらの技術や仕掛けを観察しやすいので、初めてワカサギ釣りを体験するには打って付けの釣り方だと思います。ここでも魚群探知機は威力を発揮し、画面上の魚群と当たりをリンクさせながらTV ゲーム感覚での釣りが体験できます。釣り人同士が隣接する場合は、近傍（きんぼう）の魚群探知機とは振動子[※18]（写真2）の周波数を変えたりして混信を避けると映像が見えやすくなります。また、振動子から発する超音波の指向角を狭くすることで、混信とともに、急深のポイントでの斜面ゴースト（映り込み）の発生を低減することもできます。桟橋下にはオオクチバスなどの魚食性魚類（以下、魚食魚という）が定住して釣獲ワカサギを狙っている場合もあるので、超高速巻き上げなどの横取り回避の対策技術が求められます。ヘラブナ釣りが桟橋で行われている釣り場も多く、その練り餌に集まるモツゴなどが外道[※19]としてよく釣れてくるのも特徴です（写真5、写真6）。

写真5　円良田湖（左）と鮎川湖（右）における桟橋釣り遠景（左写真提供：郡直道）

写真6　白樺湖におけるドーム桟橋釣り遠景（左）・ドーム内（右）（写真提供：郡直道）

氷上釣り

世間で連想するワカサギの象徴的な釣り方で、氷に穴を開けて糸を垂らして釣ります。穴開け用ドリルや氷掬いなどの特殊な用具が必要となります。好天なら露天で釣れますが、氷上の天気は変わりやすいのでテント利用がお勧めです。強風が吹き荒れる釣り場では、ドーム型や箱型ではなく、風の抵抗が少ないカタツムリ型テントでないと耐えられません。温暖化の進行による薄氷化で氷上釣り期間が短くなっており、赤城大沼（群馬県）で

[19 外道] 目的としている魚種以外の釣獲物のことです。

は氷保護の観点から太いペグ※20を多用するドーム型テントの使用が禁止され、さらに氷の劣化を避けるため打ち込み式ではなくネジ込み式ペグが推奨されています。また、ドリルの電動化で穴開け作業が飛躍的に楽になり、多数の穴が開けられようになりましたが、穴の直径や間隔のルール遵守に加え、今後は穴数制限がマナーとして求められそうです。榛名湖では、安全な氷厚（ひょうあつ）（約15cm）に達せずに氷上釣りが解禁できないシーズンが2007年から生じ始め、直近の2024年までは6シーズン（年）連続でボート釣りのみとなっています。関東地方で氷上の穴釣りが毎年可能な釣り場は、榛名湖より標高が高い赤城大沼やバラギ湖（群馬県）に限定されてきました。全国的にも湖沼や河川の氷上ワカサギ釣りに与える温暖化の影響が顕在化してきています（写真7、写真8）。不意に氷が割れて落水した際は、冷水を蹴って速やかに背中側から氷上に滑るように乗り上げ、這って避難しましょう（久下体験談）。氷上でも救命胴衣は着用すべきです。

写真7　赤城大沼におけるカタツムリ型テントの氷上穴釣り遠景（左）・テント内（右）（写真提供：郡直道）

写真8
網走湖におけるドーム型テント（左右両側）と露天（中央部）の氷上穴釣り遠景
（写真提供：真野修一）

［20 ペグ］テントを地面（氷上）に固定するために打ち込む金属あるいはプラスチック製の杭のことです。

陸釣り

岸から釣ります。前述したボート・桟橋・氷上釣りは、浮きを付けずに仕掛けを投げず、釣り座の目の前に鉛直に落として当たりを取るのが基本です。一方、陸釣りは、湖沼では足場が悪かったり、岸寄りは水深が浅過ぎたりして可能な場所が限られるので、長竿で浮きを付けた仕掛けを沖に向かって投げ込むのが基本です。湖岸が整備されていても周囲への安全配慮の観点などから陸釣り禁止の場所があります。ダムサイトのような深場では投げずに落として、釣り適時期の河川なら延べ竿（リールが付かない竿）でも釣ることができます。霞ヶ浦（かすみがうら）（茨城県）では、駅から近い市街地のコンクリート護岸（ごがん）から手軽に釣れます。神流湖（かんなこ）（群馬県）でも、河川流入部に回遊してくる一時期に、陸から釣ることができます。このようにワカサギが成熟などにともない接岸してくる時期を見計らって狙います。その際は、禁漁期間や禁漁区の設定状況に注意を要します（写真9）。

写真9　柴山沼における陸釣り遠景

他の釣り人とともに快適な時空間を共有するには、いずれの釣り座でも喫煙は風向き（煙の行方）に絶えず留意し、ラジオなどは音量に注意しましょう。また、ボートや氷上での排尿は、整備が進んでいる湖岸のトイレやペットボトルなどを利活用して適切に処理しましょう。ゴミや外道を釣り座の周りに捨てるのは論外です。特に氷上のゴミは氷と一体化して回収不可能となり、穴開けドリルの刃を傷めてしまいます。マナーやルールを順守することで、ワカサギ釣りが素晴らしいレクリエーションとして社会に認知され、漁業振興はもちろん、観光や地域の振興にも寄与することを切に期待しています。

4. ワカサギの鉛直分布

湖沼においては、季節的に水質（水温や溶存酸素[※21]）の鉛直分布が大きく変動します。特に水温が顕著で、夏季は表層が最も高く、深くなるに従い低くなります。特筆すべきは、その間に急激に水温が変化する躍層（やくそう）[※22]が形成されることです。水は水温によって密度（単位体積当たりの重さ）が異なり、約4°Cが最も重くなります。そのため躍層の上層と下層では密度差が大きくなり、両層は混合され難い状況となります（夏季成層期）。上層では大気からの混入や植物プランクトンの光合成により酸素が供給されますが、下層は有機物の分解などにより酸素は消費される一方となり低酸素の環境となります。このため底層は無酸素に近い還元状態[※23]となり、有害なアンモニア態窒素[※24]濃度が上昇し、魚にとっての居心地は極めて悪い状況となります。秋季には気温の低下とともに水温も上層から低下して、表層から底層までが同一水温になります。この時期、密度が均一なことから湖面の風などによって容易に鉛直方向の大きな循環が生じます（秋季循環期）。このフル・ターン・オーバーと呼ばれる全循環が発生すると、底層の無酸素あるいは低酸素水塊（すいかい）が攪拌（かくはん）されて、水色（すいしょく）やプランクトン相[※25]が変化し、有機物の分解物などにより航跡に泡が生じやすくなります。この間はワカサギの餌食いが押し並べて悪くなります。しかし、プランクトン組成などの餌料環境が変化したり、局所的にも水質環境が回復したりすれば、一転して餌食いが良くなることもしばしば起こります。冬季は、底層が密度の最も重い水温であ

［**21 溶存酸素**］水中に溶解している酸素のことです。DO（Dissolved Oxygen）と略されます。
［**22 躍層**］ある水深で水温や溶存酸素が急激に変化する層のことです。水温に注目する場合は「水温躍層」と呼ばれます。
［**23 還元状態**］酸素が奪われている環境のことです。有機物の分解による酸素の消費量が、供給量よりも多い状態を示します。
［**24 アンモニア態窒素**］タンパク質など主に有機物の分解によって生じる窒素成分のことです。有害物質として環境汚染指標として用いられます。
［**25 プランクトン相**］環境水中に存在するプランクトンの種類や量、ありさまのことです。一般に、水質や天候などの変化により短期に変動します。

る約4℃へ向かいます。湖面が結氷している場合、表層は0℃となり、深くなるに従い僅かに上昇して4℃となります。底層は、夏季成層期と同様に低酸素あるいは無酸素の還元状態となります（冬季成層期）。このような水質、特に水温の鉛直分布は、ワカサギの生息する水深や活性に大きく影響を及ぼします。

ワカサギの適水温は0～18℃で、26℃を越えると成長に支障をきたし、30℃弱まで生息可能とされています[7-9]。溶存酸素は水産用水基準[※26]では6mg/L 以上を求めていますが[10]、それ以下でも一時的に生存は可能で、摩訶不思議なことにほぼ無酸素である筈の層からも釣獲されることが時々あります。船から水温センサーのケーブルを伸ばした状態で引きずると、無酸素層と思われる底面で水温が急変するスポットが認められることが稀にあり、この現象は湧水などの影響で水質の鉛直分布が局所的に乱れている可能性を示唆しています。

水温や溶存酸素の鉛直分布を群馬県内の代表的なワカサギ釣り場である赤城大沼（最大水深17m、湖水面積0.88km²、湖面標高1,345m）と榛名湖（最大水深15m、湖水面積1.22km²、湖面標高1,084m）を例にして、実際のデータで観てみます（図2、図3）[11]。夏季成層期には、赤城大沼で水深4～9mに、榛名湖で水深3～8mに水温躍層が形成されます。

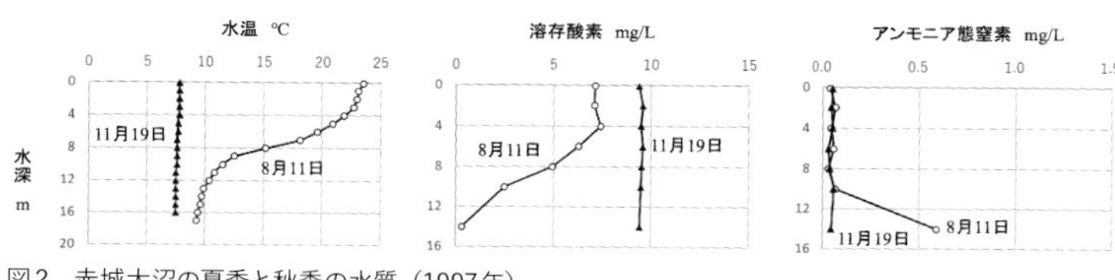

図2　赤城大沼の夏季と秋季の水質（1997年）

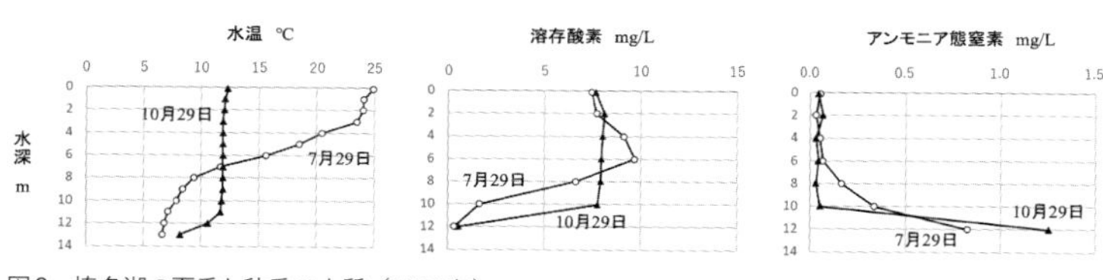

図3　榛名湖の夏季と秋季の水質（1996年）

[26 **水産用水基準**]（公社）日本水産資源保護協会が定めた水生生物保護のための水質指針のことです。

溶存酸素も同様に底層に向かって減少し、底面直上ではほとんど無酸素となります。還元状態の底層では、前述したように魚毒性のあるアンモニア態窒素が急増して魚類の生息が厳しい状況となります。例年9月1日がワカサギ釣り解禁日である赤城大沼では、水深8m前後の水温躍層に濃厚なワカサギ魚群が観察され、沖合のその層が棚(たな)※27となります。水温は15℃前後とワカサギにとっては適温と思われます。一方、同じ解禁日である榛名湖では、湖岸の浅場が釣獲ポイントとなる年が多々あります。解禁日直前に潜水して湖中の様子を見たところ、沈水植物※28（セキショウモやエビモ）が繁茂(はんも)している水深2～4m底の水深1～3m層をワカサギがオオクチバスに追われて群泳しているのが観察されました[12)]。このエリアの水温は20℃以上ですが、魚食魚から逃避するために沖合に出ず、植物群落に入り込んでいると考えられます。水温の低下とともにオオクチバスや植物群落の活性が低下し始めると、これらのワカサギは沖合の中層へ移動していきます。他の湖沼でも、イワナやサクラマスらしき魚影※29が魚群探知機に映り始めるとワカサギの魚影が消えることから、魚食魚の存在がワカサギの遊泳層※30や遊泳域※31に影響を及ぼしているのは明らかです。また、魚食性鳥類（以下、魚食鳥(ぎょしょくちょう)という）のカワウ（写真31）が潜水すると、ワカサギの魚影が底層へ下がる逃避行動も魚群探知機の映像から認められます。秋季循環期には、両湖共に水温と溶存酸素の鉛直変化は小さくなります。特に11月19日の赤城大沼は、水温・溶存酸素・アンモニア態窒素が鉛直方向で差が無く、全循環の状況となっています。一方、10月29日の榛名湖はまだ全循環には至らず、水温低下が進んだ11月中旬に全循環が予測されます。この全循環がいつ発生するかは、遊漁関係者にとって極めて関心が高いのですが、その年々の湖内の熱収支※32によって1か月弱ほどの幅があります。また、全循環が発生する水温もその年によって異なります[13、14)]。

濁りの程度もワカサギの遊泳層や遊泳域に影響を及ぼします。ワカサギ

［**27 棚**］釣り用語で、魚が遊泳あるいは摂餌している層（水深）のことです。
［**28 沈水植物**］水生植物のうち、体全体が水中にあり、水底に根を張っている種類のことです。
［**29 魚影**］魚群探知機の液晶画面に映し出された魚の映像のことです。
［**30 遊泳層**］魚群が泳いでいる層（鉛直方向の分布域）のことです。
［**31 遊泳域**］魚群が泳いでいる場（水平方向の分布域）のことです。
［**32 熱収支**］熱エネルギーの出入りのことです。外部から吸収する熱、外部へ放出する熱、内部に蓄積される熱のバランスを指します。

の主な餌であるワムシ類などの動物プランクトンは、餌である植物プランクトンの多寡により分布が左右されます。植物プランクトンは、日光を利用した光合成により酸素を放出しますが、濁りで透明度※33が低下するとより上層でなければ十分に光合成（繁殖）ができなくなります。そのため、濁りが生じると植物プランクトンは上層で多くなるので、動物プランクトンやワカサギも上層へ遊泳層が上がります。令和元年東日本台風による記録的な濁増水が流入した神流湖では、通常なら水深30m 前後の深層でワカサギが釣獲されるのですが、濁度が急上昇したため、水深1m 以浅の表層でワカサギが釣れるようになりました。その後、透明度が回復するとともに、下層へ棚が下がっていきました（久下 未発表）。

5. ワカサギの水平分布

ワカサギは回遊魚であることから、1か所に留まって動物プランクトンなどを捕食することは極めて少ないようです。発信機などを魚体に付けて回遊パターンを探るバイオテレメトリー※34やバイオロギング※35は、ワカサギの魚体が小さ過ぎて不可能です。そのため、主に魚群探知機による魚群映像から行動を探査するのが現状です。魚群映像や釣獲結果の経験則から、湖底の変化※36、湧水や澪筋※37、水温や濁度、倒木や沈水植物、浮標（ブイ）の固定ロープなどの理化学的な変曲点を縫うように、あるいは沿うように釣獲サイズのワカサギは回遊しているようです。夏季の榛名湖にて潜水してブイの直下を見たところ、ワカサギ魚群が水底から水面へ延びた固定ロープを道標のように見立てて通過するのが観察されました。そして、そのロープの下方には、頭部を上にした立ち泳ぎのオオクチバスが、上方を通過するワカ

[33 透明度] 湖沼や海の澄み具合のことで、沈降させた白色円板が船上から識別できなくなる深さ（メートル）で表記します。なお、河川の清濁の指標は、ガラス筒の水底にある白色円板上の黒色二重十字が識別できる最大水深（センチメートル）である「透視度」で表記します。

[34 バイオテレメトリー] 電波や音波を発信する機器を動物に装着し、行動や生理に関するデータを遠隔的に取得する技術のことです。

[35 バイオロギング] 内部メモリにデータを蓄積する機器を動物に装着し、行動や生理に関するデータを回収する技術のことです。

[36 湖底の変化] 急激に水深が変わる崖のような「かけあがり（ブレイク）」、小山のような「盛り上がり（ハンプ）」、丘のような「堆（バンク）」などのことです。

[37 澪筋] 川筋を横断的に見た際に、最も深い（水が流れる）部分のことです。

サギを待ち伏せしていました。また、浅場の沈水植物群落にて、オオクチバスを意識しながら群泳するワカサギを釣獲中に船上から見た際には、能動的に釣り餌（サシ）の方には向かわず、遊泳方向に偶々（たまたま）釣り餌があれば捕食して釣獲されるのが観察されました（久下 未発表）。しかしながら、養魚池にて配合飼料などでワカサギを集魚させることは可能なので、魚食魚の存在により摂餌行動が消極化すると考えられました。これまでの釣獲結果から、前述した回遊の道標となるような湖底の起伏や障害物の付近では、摂餌行動が積極化するのではと思われます。一方、低水温期は摂餌のための回遊が不活化し、群れが滞留する傾向が強くなるようです。ワカサギは適当な光に対し正の走光性※38を有するので[11)]、氷上釣りでは除雪して氷下を明るくすることで集魚効果を導き、釣果を向上させられる時もあります。

ワカサギの回遊は、水平方向のみと思っていましたが、鉛直方向にも生じている状況に遭遇することがあります。餌に無反応だった底層の魚群が急上昇して活発に摂餌することが、魚群探知機を通して観察されるのです。回遊というより行動と言った方が適切かもしれません。この現象は、前述した魚食魚の存在との関連性も含め、未だ謎の多い時合い（じあい）※39のメカニズムを解明する一助になるかもしれません。

ワカサギ釣りでは「如何（いか）に回遊している水深や経路を見つけるか」「如何に釣り座の直下に導き、留まらせるか」が釣果を伸ばす上で求められます。これらの技術を探求することも醍醐味です。

6. ワカサギ釣りの餌

ワカサギの餌となる動物プランクトンは、「1章 ワカサギの生物学 1. 産卵と孵化」で述べられているように、ワムシ類→ミジンコ類→カイアシ類とワカサギの成長にともなってサイズアップしていきます。また、ユスリカ科蛹（さなぎ）などを専食※40する時期や時刻もあります。本来ならば動物プランクトンを釣り

［38 正の走光性］生物が光の刺激に反応（走光性）して、光源に近づく場合のことです。逆に光源から遠ざかる場合を「負の走光性」と呼びます。
［39 時合い］摂餌が活発になる時間帯のことです。風向きや日差しなどの天候変化、海では潮汐変化などが、その発生や収束の要因になるようです。
［40 専食］特定の物のみを食べることです。

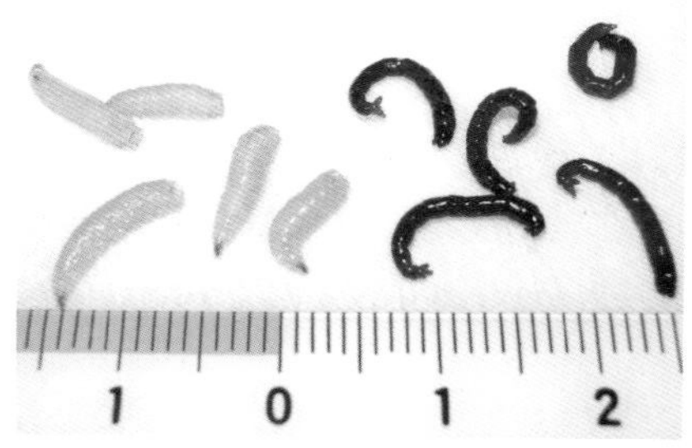

写真10　サシ（左）とアカムシ（右）

餌として針に付けたいところですが、小さ過ぎて不可能です。そのため、一般に市販されている釣り餌のサシ（ニクバエ科幼虫）やアカムシ（ユスリカ科幼虫）を用います（写真10）。誘引力を増強するためサシにチーズやニンニクの粉末を添加するなど、釣り餌に関しても創意工夫を要します。ワカサギは餌の選択性が強いようで、特に嗜好性（しこうせい）の高いミジンコ類が豊富に存在している場合、釣り餌を色々と換えても釣果が上がりません[15]。このような状況下、空針（からばり）※41などでミジンコ類の動きをイメージして誘うと効果がある時があります[16]。また、午前中は効果が無かったアカムシが、正午過ぎにユスリカの羽化が始まるとともに一転して絶大な効果を発揮したりします。フライフィッシングで提唱されているマッチ・ザ・ハッチ※42のような釣り方が、ワカサギ釣りでも効く時があるようです。国立環境研究所の野原精一博士が撮影したハイスピードカメラによるワカサギの捕食シーンを観察すると、魚の活性によっても異なるでしょうが、餌によって捕食の仕方が異なることが一目瞭然です。ミジンコ類は鰓（えら）を大きく開いて一気に吸い込む、サシはシャブリながら、アカムシは噛みながら飲み込むというように。この差異が当たり（捕食）の出方（変化の伝達）となって竿先などに現われるのです。この当たりは釣り糸の材質によって伝達感度が異なり、建物3階から約10m下の地上に鉛直に降ろした各種釣り糸の最下端を指で触れて試してみると、ポリエチレンの撚（よ）り糸※43（PEライン）が最も高感度に竿先へ伝わることが手に取るようにわかります。当たりの取り方は、竿先・糸・浮きの振幅変化を観る「目感（めかん）」が基本で、高活性時は竿元を握っている手まで振動を感じる「手感（てかん）」、低活性時は捕食の気配を感じる「心感（しんかん）」と様々です。

[41 空針] 何も付いていない（餌を付けない）釣り針のことです。
[42 マッチ・ザ・ハッチ] 水生昆虫が羽化している時に、その昆虫に似せた毛鈎で釣ることです。なお、食べている餌に合わせる場合は「マッチ・ザ・ベイト」と言います。
[43 撚り糸] 単糸を数本合わせて撚った糸のことです。

7. ワカサギ釣りの楽しみ方（数釣りや型釣り）

ワカサギ釣りの極意は、細かい作業や悪天候が多い中で仕掛けや道具のトラブルを最小限に抑えることだと言われています。そして釣果を上げるには、魚釣り全般に通じる名言「一に場所、二に餌、三に腕（道具）」が正に当てはまります。

釣り場によってはビギナーでも１束超え（100尾以上）の釣果が期待でき、誰でも数釣りが楽しめるのもワカサギ釣りの特徴です。近年、数に加えて型（サイズ）も重視する遊漁者が増えつつあります。そこで、全長区分に親しみ易い呼称を付与することで、釣果情報として尾数のみでなく体サイズも把握できるようになれば便利だと思います（表1、写真11）[17)]。死後硬直により魚体は最大5％程縮むので、釣獲直後が最大全長です（久下 未発表）。なお、以前から大型のワカサギをチカ[※44]だと思い込んでいる遊漁者がいますが、チカは淡水では産卵しないためワカサギ受精卵に含まれて放流されることはありません（真野私信）。さらには質（雰囲気）や味（美味しさ）に重きを置く傾向も見受けられます。

仲間や家族と数や型を競って熱くなったり、１尾１尾の当たりや引きに集中して一喜一憂したり、最浅・最深の釣獲水深記録に挑んだり、自然に抱か

写真11　神流湖のレアサギ（2023年2月釣獲、全長18cm、1歳魚）（写真提供：北村健一）

表1　ワカサギの釣獲サイズ毎の呼称

全　長	呼　称
15 cm以上	レア（rare）サギ
13～15 cm	メガ（mega）サギ
11～13 cm	デカ（deca）サギ
7～11 cm	パー（par）サギ
5～ 7 cm	ミニ（mini）サギ
5 cm未満	ピコ（piko）サギ

［44 チカ］英名ではチカをsurf smelt、ワカサギをwakasagi、イシカリワカサギをpond smeltとするようです。

れて糸を垂らして奇麗な魚体に見惚れたり、簡単レシピ[18、19]で釣果に舌鼓を打ったりと、楽しみ方は極めて多様です。著者は、工夫しても釣れない時、突然の入群に備えて魚群探知機のフィッシュアラーム[※45]を起動させ、新聞を読んだり、昼寝をしたりして心地良く過ごしています。

ワカサギの遊漁の経済効果　増田賢嗣

ワカサギ釣りの最大の特徴は、秋から春に釣期が訪れることです。冬の内水面ではアユが消え、イワナやヤマメなどの渓流魚も概ね禁漁になります。コイ科魚類も、餌食いが鈍ってきます。そのような季節に釣期を迎えるワカサギは、行き場を失った釣り師の恰好の的となります。長野県水産試験場の調査によれば、長野県の松原湖や野尻湖におけるワカサギの遊漁料収入は年間で400万円～1,000万円ほどにもなります[20]。2017年度の時点で内水面の漁業協同組合のうち55.6％で収入総額が1千万円以下である[21]ことを考慮すると、ワカサギ釣りの遊漁料収入は大きなものです。券種はほとんどが日釣券で、年券が占める割合はわずかです[20]。渓流魚において年券と日釣券との売上枚数の差はさほど大きくなく、アユでは長年、年券の売上枚数が日釣券を上回っている[20]のとは対照的です。また上島ら[22]によれば、長野県の美鈴湖におけるワカサギ釣りのリピー

写真12　檜原湖（福島県）（写真提供：舟木優斗）

裏磐梯と呼ばれる高原の一角にあり、荒々しい磐梯山の懐に抱かれています。冬は県外にも広く知られたワカサギ釣り場となります。

［45 フィッシュアラーム］魚群（入群）を感知すると警報音が鳴る魚群探知機の機能のことです。

写真13　高滝湖（千葉県）（写真提供：高滝湖観光企業組合）

かげろうのオブジェが印象的な高滝湖も、冬には素晴らしいワカサギ釣り場になります。ボートを湖上のロープに繋留できるので、重たいイカリを上げ下ろしせずに済むのもありがたいところです。チバニアン・ビジターセンターと地層見学地はこの湖から自動車でほんの10分強、鉄道で3駅の近さです。

ターは46％で、埼玉県の荒川のアユ（74.5〜88.9％）[20]よりも低いことがわかりました。アユ釣りや渓流魚釣りと比較して、ワカサギ釣りは、特定の釣り場に通う頻度が低い、多くのお客さんに支えられた釣りです。自宅の近所でワカサギを釣ることができる人は少ないので、それも当然かもしれません。ワカサギ釣りにおいて女性が占める割合、あるいは30歳代以下の世代が占める割合は、アユや渓流魚よりも高いことが報告されています。中村[23]によれば、日本の全遊漁者に占める女性の割合は14.6〜25.7％を推移しており、これとの比較ではワカサギ釣りは、比較的性別の偏りが少ないといえそうです（表2）。ただし遊漁者そのものに性比の偏りがあり、ワカサギ釣りもその枠外にあるものではありません。ワカサギ釣りが、男性だけなく女性も含めた人々の生活の充実に貢献していくためには、どのように変わっていけ

表2　ワカサギ遊漁における女性と30歳代以下の比率

対象種		女性（％）	30歳代以下（％）	文献
ワカサギ	長野県	15	47.9	22）
ワカサギ	長野県	10.2－13.9	10－25	20）
アユ	栃木県	1.4	3.7－5.6	20）
アユ	埼玉県	0.0－1.3	5.0－6.1	20）
渓流魚	山梨県	8.5	16.9	20）
アオイリイカ	駿河湾	5	55％以上	23）

ばよいのでしょうか。そこはまだ改善の余地がありそうです。

ワカサギ釣りは尾数ベースで比較的多く釣れ、初心者でも、また短時間でも一定の釣果を見込むことができます。著しい好漁[※46]を期待しなければ簡素な道具で釣ることも可能であり、これはレンタル釣り具でも一定の釣果を見込めることを意味します。時間帯も、必ずしも朝マヅメ・タマヅメ[※47]を攻める必要性はありませんし、必要以上に静粛性を気にする必要もありません。多くの場合は釣り糸を真下に垂らすので、隣の人と会話ができる間隔での釣りは十分に現実的です。これらの要素により、ワカサギ釣りは他の釣りと比較して、観光の一部に組み込むことに適しているのです。そのような性質もあってか、ワカサギ釣りは狭い範囲に釣り客が集中するという大きな特徴があります。そのうえ陸からの釣りが困難な場合もあって、釣り場へのアクセスをボートや桟橋などに限定することが可能です。天然の漁場でありながらこれらの点が管理釣り場[※48]と似ており、管理釣り場で可能な手法を適用できる可能性があります。たとえば道具のレンタルや飲食の提供という形での付帯する事業の展開や、広告料収

写真14　岩洞湖（がんどうこ）（岩手県）（写真提供：吉田英夫）

夏の緑が美しいこの湖は、冬は岩手県屈指のワカサギ釣り場になります。

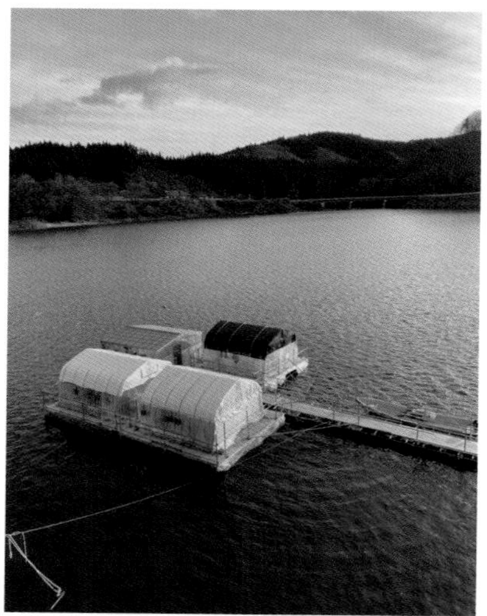

写真15　花山湖（はなやまこ）（宮城県）
（写真提供：花山湖漁業協同組合）

LOVE BLUE 事業の補助を獲得するなど，漁協の努力で宮城県でも指折りのワカサギ釣り場となった湖です。

[46 **好漁**] たくさん釣れることです。
[47 **朝マヅメ・タマヅメ**] 日の出・日の入りの直前直後で、一般的に釣りに適した時間とされています。
[48 **管理釣り場**] 釣り用の人工的な水面で、釣り堀とほぼ同義です。

入などです。実際にこのような事業が多くの釣り場で実施されています。どのくらいの釣り客を集めることができればこのような付帯事業が成立するのか、精査する必要があります。氷上の釣りという特徴を活かして、台湾や東南アジアからの誘客も試みられているところで、日本政府観光局のwebサイトにも掲載されています[24)]。ただし、外国人によるワカサギ穴釣りの殷賑(いんしん)※49が、そのまま彼らの本国におけるワカサギの穴釣りの知名度が高いことを意味するとは限りませんので、その点の見極めとアピールの強化は今後の課題です。

写真16　初冬の津風呂湖(つぶろこ)（奈良県）の釣り桟橋

津風呂湖は観光船が就航する広大なダム湖であり，近畿地方における代表的なワカサギ釣り場です。

　一方で、多くの漁場でワカサギ遊漁事業の営業期間は秋から春に限られ、中には漁期が数週間程度の漁場もあります。このため、漁期以外の時期における施設・設備の運用が課題となります。思い切って漁期以外は閉鎖さ

写真17　中禅寺湖(ちゅうぜんじこ)のワカサギ釣りのボートから眺めた男体山（栃木県）

中禅寺湖のワカサギ釣りは，秋の１ヶ月余りと短く，紅葉の中での釣りとなります。

［**49 殷賑**］著しく賑わうことです。

れる漁場もあります。ワカサギの漁場になるような湖沼で、夏期を中心とする施設の運用に最も適しているのが、現状ではオオクチバス等のバス類の釣りです。このためバス類のワカサギに対する影響が知られているにもかかわらず[25)]、夏期にバス類、冬期にワカサギを主たる対象とする釣り場は多くあります。知られるようにバス類は特定外来生物であり、世論の風向き次第では遊漁事業が突然行き詰まる恐れもあるので、これに依存することは経営的に危険を伴います。フナ釣りに期待をかけたいところですが、フナ釣りがバス類の釣りに駆逐されてきたという現実があります[26)]。バス類に頼らずにワカサギ経営の安定を図るためには、在来種の釣りを組み込んだ夏期の魅力的なレジャーのモデルを作っていく必要があり、そのためには、在来種が増えるような湖沼環境の整備が前提となります。注意すべき点として、山間の湖沼においてはワカサギも国内外来種[※50]だということが挙げられます。在来の魚類に対する悪影響が少ないとされるワカサギですが、生態系全体を俯瞰(ふかん)した時、ワカサギの導入による環境に対する影響は当然ありえます[27)]。そのため、生態系保全の観点から、ワカサギを守るために外来種であるバス類を駆除しましょう、というような整理が難しい場合もありえるのです。もっともワカサギは定着できる水域がバス類よりも限定的であるため、流出による定着や密放流[※51]の危険性が低く、より管理しやすい魚種です。それにワカサギが生息する山間の湖沼のうちのかなりの部分が人工的な水面であるダム湖であり、そこにおける生態系は、元来は存在しなかったものです。そして、ワカサギの本来の生息域であった多くの汽水湖が干拓などにより縮小、あるいは消滅してしまったのも

写真18　金山湖(かなやまこ)（北海道）（写真提供：神保忠雄）

ここも冬はワカサギ釣りで賑わいます。いかにもワカサギ釣り場らしく、美しい湖です。

［**50 国内外来種**］日本の在来種ではあるものの元来その地域に生息しない生物種が、他の地域から持ち込まれたものです。

［**51 密放流**］ルールに基づかない放流で、多くの場合生態系への影響などが十分に評価されないまま行われるので、ときに在来生物の激減などを引き起こします。魚類だけでなく、節足動物や植物、その他の生物が影響を受ける場合もあるので、注意が必要です。

事実です。諏訪湖では、早くも1590年には琵琶湖からのゲンゴロウブナの移殖が記録されています[28)]。ワカサギに限らず、いにしえから行われてきた魚類の移殖と、その上に築かれた人々の営みの全てを否定して良いものかと言われると、それもまた逡巡するところです。楽しいワカサギ釣りですが、これらの要素を頭に入れて、そのあり方を考えていく必要があるのです。

写真19　大沼（おおぬま）（北海道）（写真提供：米山和良）

ここは道南きってのワカサギ釣り場です。

ワカサギの増殖技術

久下敏宏

1. ワカサギ増殖の現状

日本におけるワカサギの増殖※52は、1909年（明治42年）に涸沼（ひぬま）（茨城県）産の受精卵※53を松川浦（福島県）へ放流したのが始まりで、これ以後

[52 **増殖**] 種卵や種苗（しゅびょう）の放流（発眼卵*57・仔魚*65・稚魚*65・幼魚*65・成魚*65放流）、産卵床（さんらんしょう）の造成、滞留魚の汲み上げや汲み下ろし放流などにより、資源を増やすことです。

[53 **受精卵**] 精子と卵子が融合した卵のことです。

の三方湖（福井県）、宍道湖（島根県）、霞ヶ浦（茨城県）などから淡水である琵琶湖（滋賀県）への移殖を皮切りに国内各地へ広がりました[29]。

こうした種卵放流が現在でも増殖事業の主柱で、ワカサギの産卵期である春季に諏訪湖（長野県）産や網走湖（北海道）産の種卵が、全国の漁場（漁業や遊漁が行われている水域）へ毎年のように出荷され、資源量の維持増大が図られています。しかし、種卵の産地においても資源量の年変動が大きいことから、不漁年は出荷できないこともあり、資源の高位安定化がワカサギ増殖の究極の目標となっています。産地とすれば種卵の安定供給、漁場とすれば種卵の安定確保が直近の課題です。

現在、放流に使われる種卵の形態には、着卵枠[※54]、受精卵、粘着性除去卵[※55]があります。長年にわたり諏訪湖産は着卵枠で、網走湖産は受精卵で流通していましたが、筒型ふ化器（後述）と水槽内自然産卵法（後述）[30-32]が開発された後は芦ノ湖（神奈川県）産として粘着性除去卵も流通するようになり、その技術の普及にともない産地によっては複数の形態で出荷できるようになりました。

山梨県水産技術センターによるアンケート調査では、2018年（平成30年）の全国86団体が希望した購入種卵数は、着卵枠2億3,250万粒、受精卵25億6,400万粒、粘着性除去卵5億1,900万粒の計33億1,550万粒でしたが、それぞれの実績から購入可能卵数は約半分と推定されました[33]。産地の好不漁により年変動する供給量よりも、ワカサギ釣り人気に後押しされた漁場の需要量の方が上回るという需給状態が恒常化しています。そのため、各漁場では不足分を補うために、自家採卵[※56]により種卵の確保を図るとともに、放流方法を工夫して発眼率[※57]やふ化率[※58]、その後の生残率[※59]の向上対策に取り組んでいます。

種卵放流以外の増殖方法として、ワカサギ漁場間での成魚放流が試みら

[**54 着卵枠**] 受精卵を付着させたシュロの樹皮を張った木枠のことです。
[**55 粘着性除去卵**] 陶土懸濁液中で攪拌して、互いに付着しないように粘着性を除去した受精卵のことです。
[**56 自家採卵**] 他の漁場から受精卵を導入せずに、自らの漁場の親魚を用いて採卵することです。
[**57 発眼率**] 受精卵から発眼に至った割合のことです。黒色の眼が確認できる発育段階の受精卵を発眼卵と呼びます。
[**58 ふ化率**] 受精卵からふ化に至った割合のことです。ふ化直後は仔魚、成長にともない稚魚、幼魚、未成魚、成魚と呼びます[※65]。
[**59 生残率**] 一定期間や出来事の前後で生き残る割合ことです。

れてきましたが、採捕、運搬、放流時で死亡が目立ち、放流効果が安定しないことから事業規模では定着していません。稀有な事例ですが、鮎川湖（群馬県）では、溜池養鯉[※60]技術を応用して養殖した成魚を、適宜追加放流することで釣果の維持に努めています。

2. 種卵放流の方法

着卵枠の場合

ワカサギ受精卵を付着させる着卵材としては植物性基質であるシュロの樹皮を用いています。それを木枠で規定の長方形（縦1尺×横5寸＝約30.3cm×約15.2cm）に囲み、シュロ枠と呼んでいます（写真20）。近年、シュロ樹皮や作り手の不足でシュロ枠の入手が困難となってきています。シュロ樹皮の代替として、人工産卵藻[※61]、網戸、エアコンフィルター、炭素繊維などを試したところ、着卵に関してシュロ樹皮が最も脱落が少なく優れていました（久下 未発表）。諏訪湖では、漁場の流入河川に遡上したワカサギ親魚を定置網[※62]で採捕して、人工採卵[※63]（搾出法[※64]）により受精卵を得て、シュロ枠に着卵させて各漁場に出荷します。各漁場では、着卵枠をふ

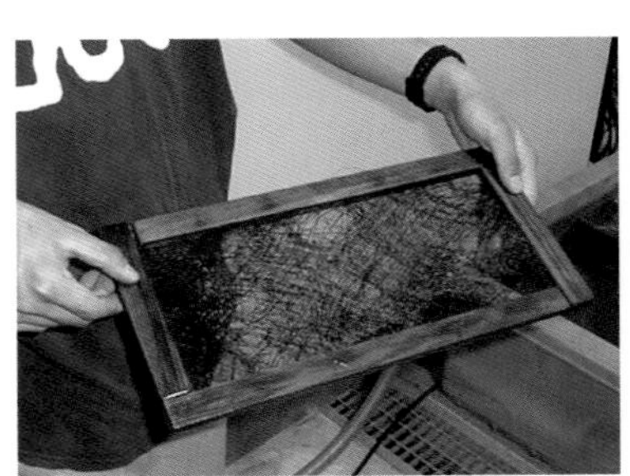

写真20　シュロ枠（左）と鳴沢湖流入河川におけるシュロ枠敷設（右）

［60 **溜池養鯉**］止水環境の溜池でコイを養殖することです。河川水を多く取り込んだ流水環境の養殖池でコイを養殖する方法は「流水養鯉」と呼びます。

［61 **人工産卵藻**］水草を模した短冊状のビニル製着卵材ことです。

［62 **定置網**］浮きと錘を結んだロープで移動しないように設置した漁網のことで、回遊している魚群を網内に誘導して獲ります。浅い場所では、木や竹杭で網を固定します。

［63 **人工採卵**］自然に卵を産ませるのではなく、人工的に卵を得ることです。方法として「搾出法」や「切開法」があります。

［64 **搾出法**］腹部を手指で圧迫し（搾って）、卵を得る人工採卵の一手法のことです。腹部を切って卵を得る人工採卵は切開法と呼びます。

化箱（後述）にまとめて、湖内の筏(いかだ)や湖岸のふ化水槽に収容し、ふ化させた仔魚(しぎょ)※65を放流します（写真21、写真22）。収容方法としては、酸素欠乏や水カビ（水生真菌※66）発生を防止するため隙間(すきま)を設けてシュロ枠を約30枚にまとめ、スリットのある木製またはポリエチレン製のふ化箱に収容し、遮光(しゃこう)して湖内の筏や桟橋の水深約50 cmに固定するのが一般的です。

写真21　赤城大沼におけるふ化筏（左）と野菜コンテナを活用したふ化箱（右）

写真22　赤城大沼におけるふ化水槽（左）とシュロ枠を収容したふ化箱（右）

受精卵の場合

前述の種卵アンケート調査によると、受精卵での購入希望が全卵数の8割弱を占め、種卵放流の主流となっています。網走湖の網走川（北海道）のように産卵するために漁場の流入河川に遡上、あるいは漁場の沿岸を回遊しているワカサギ親魚を定置網で採捕して、人工採卵（搾出法）により

[65 仔魚] ふ化から各鰭(ひれ)の原型が整うまでの発育段階の魚のことです。その後は、発育に伴い、鱗が揃うまでを「稚魚」、成熟するまでを「幼魚（未成魚）」、成熟すると「成魚」などと呼ばれます。ワカサギの場合、体色が半透明の仔魚は全長3cm位まで、体型が親と似ている稚魚は全長5cm位までです。その後の成長や成熟は餌料環境や生息環境に大きく左右されるため、幼魚や成魚の全長は漁場によって差が生じます。

[66 水生真菌] 水中で増殖する糸状の菌のことです。「水カビ病」や「わたかぶり病」と呼ばれる疾病の原因菌です。

写真23　網走川における親魚の採捕用定置網（左）と取り揚げ作業（右）（写真提供：真野修一）

写真24　網走川における採卵作業（左・右上：採卵、右下：出荷用受精卵）（写真提供：真野修一）

受精卵を得て、河川水や湖水に浸してビニル袋で各漁場に出荷します[34)]（写真23、写真24）。各漁場では、収容方法に応じて、受精卵をシュロ枠などに水鳥の羽などを使って着卵させて着卵枠としたり、陶土（とうど）[※67]などにより卵の粘着性を除去して粘着性除去卵にしたりします（写真25）。こうした着卵や粘着性除去の作業が生じるため、人手不足の漁場では、受精卵より単価が割高であっても着卵枠か粘着性除去卵を購入する傾向があるようです。

写真25　赤城大沼におけるシュロ枠への着卵作業（写真提供：赤城大沼漁業協同組合）

［**67 陶土**］陶磁器の原料である粘土の総称のことです。カオリン（白陶土）などがあります。

粘着性除去卵の場合

前述のように人工採卵で得た受精卵や、芦ノ湖のようにワカサギ親魚を水槽内に放して産卵させて得た受精卵（水槽内自然産卵法）の粘着性を除去して出荷します。水槽内自然産卵法（芦ノ湖方式）は、未熟卵の混入や壊卵(かいらん)[※68]の発生を抑えられることから、搾出法より発眼率が高く、かつ、労力も軽減される画期的な採卵方法です。各漁場では、粘着性除去卵を湖岸や桟橋に設置した筒型ふ化器へ収容します（写真26）。筒型ふ化器は、注水量の微調整や給水ポンプなどの電源確保を要しますが、薬剤による水カビの消毒やショ糖による死卵の除去（ショ糖分離[※69]）が収容後も容易なことなどにより、筏などに比べてふ化成績を向上させられます。また、筏では受精卵が波浪により着卵枠から脱落したり、ウグイなどにより食害されたりしますが、筒型ふ化器ではこれらの影響は皆無です。このコペルニクス的転回[※70]とも言える芦之湖漁業協同組合などによる受精卵採取→粘着性除去→ふ化管理の方法は、多くの漁場に導入されてワカサギ増殖事業を飛躍的に推進させました。

写真26　赤城大沼（左）と梅田湖（右）における筒型ふ化器（発眼前の黄色の収容卵）
（右写真提供：両毛漁業協同組合）

[68 壊卵] 人工採卵の際に潰れたりした卵のことで、内容物が受精率の低下を招きます。
[69 ショ糖分離] ショ糖（砂糖）を混ぜた水の中で、発眼卵を静かに攪拌させ、活卵との浮力差を利用して死卵を除去することです
[70 コペルニクス的転回] 発想を根本的に変えることにより新局面を切り開くことの例えです

いずれの場合も宅配便で漁場に届いた種卵は、速やかに湖水、水槽、ふ化器などに収容することが肝要で、その際、有害な日光（紫外線）が受精卵に当たらないよう配慮することが肝心です。

ワカサギ種卵の放流量を表す場合、着卵枠では、受精卵が付着したシュロ枠の枚数を用いたり、慣例によりシュロ枠1枚当たりの付着受精卵数を約3.3万粒として乗算した値（粒数）を用いたりします。つまり、シュロ枠に受精卵を付着した状態で出荷する場合はシュロ枠枚数か乗算した粒数で、受精卵や粘着性除去卵を出荷する場合は卵重から換算した粒数で、それぞれの出荷量を表示しています。

特筆すべき他の放流方法として、放流卵の自給率を上げるため、流入河川や人工河川に施設したシュロ枠上に産卵のために遡上したワカサギ親魚を産卵させ、回収した着卵枠を筏やふ化水槽に収容する漁場もあります（写真20）。また、筏やふ化水槽が整っていない漁場では、流入河川に石積みとビニルシートで造成した渕に着卵枠を収容したふ化箱を設置して、仔魚をそのまま漁場へ流下させたり（写真27）、庭先に並べたバスタブで着卵枠を井戸水で管理し、ふ化後にフォークリフトでバスタブを軽トラックに積んで漁場まで運んで仔魚を放流したりします。筒型ふ化器の設置場所が限られる漁場では、仔魚を流出させる放流管の長さを湖面の水位変動に応じて伸縮させたり、放流口での仔魚の被食防止にネットを張ったりと、現場の状況に応じた工夫をしています（写真28、写真29）。

写真27　神流湖流入河川におけるビニルシートと石で造成した渕（左）と木製ふ化箱（右）

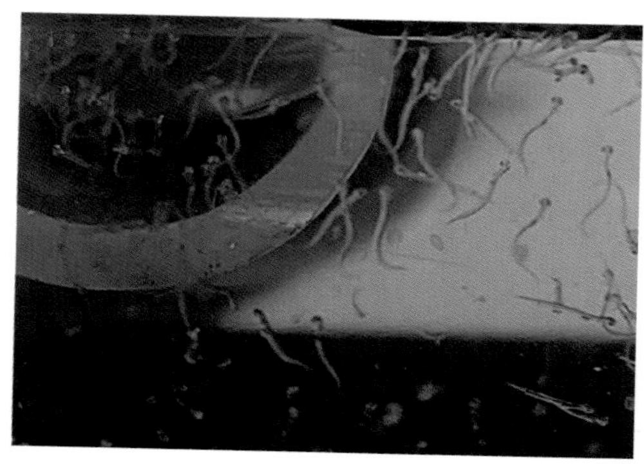

写真28
赤城大沼における筒型ふ化器から放流管に流出する仔魚（写真提供：赤城大沼漁業協同組合）

写真29　梅田湖における筒型ふ化器の設置（写真提供：両毛漁業協同組合）
（左上：発眼後の茶色化した収容卵、左下：放流口と被食防止ネット、右：水位に応じて伸縮する放流管）

3. 減耗の低減

種卵放流による増殖事業が全国で盛んに行われてワカサギ資源の維持・増大が図られていますが、資源量の年変動が大きい漁場では、放流から漁獲までの間に顕著な減耗が生じている可能性が示されています。しかし、ワカサギの生活史全体に渡る減耗過程の詳細は明らかにされておらず、現場では対応に苦慮しています。

これまでの各地の調査研究から生活史初期の減耗（初期減耗）が、その後の資源量に重大な影響を及ぼしていると考えられます。例えば、魚類の初期減耗の大きな要因として、卵質[35]、飢餓[36]、輸送[37]、被食[38]が挙げられ、ワカサギについてもこれらが生活史初期のみならず全体に及ぶ主要な減耗要因となっていると推察されます。その他、従来は養殖場で発生していた感染症が、アユ冷水病[※71]やコイヘルペスウイルス病（以下、KHV病）[※72]のように天然水域でも発生して甚大な被害を及ぼしていることから、ワカサギについても魚病による減耗も検討する必要があります。加えて、餌料をめぐる他魚種との競合や、地球温暖化による水質などの生息環境の悪化も減耗要因として列挙できます。

網走湖では親魚の魚体サイズと産卵数が、卵から稚魚にいたる間の減耗率に関与し、その後の資源の多寡を決定する大きな要因と見なされています[39)]。また、春季の環境変動とこれによってもたらされる餌資源量の変動、そして、ワカサギ仔魚の個体数密度の3要因が関係し初期生残および初期成長を決定しています[40)]。これらのことは、各減耗要因が相互に関係するとともに、当該漁場の環境特性なども関与しながら複雑な減耗過程を経て、資源の多寡が決定されていることを示唆しています。したがって、こうした多角的な観点から各漁場における減耗に関する研究を行う必要があります。

そこで、増殖作業の工程ごとに各種試験や調査を行い、減耗の要因を確認するとともに現場で導入可能な低減策を以下のとおり検討しました[41、42)]。

仔魚の漁場添加

ワカサギは水温13℃でふ化後、5日程度まで（卵黄（らんおう）[※73]吸収後1日以内）が摂餌不可能になる絶食の限界であると予想され[43、44)]、仔魚はこのポイント・オブ・ノーリターン[45)]（PNR）[※74]以前に餌料を捕食できなければ死滅すると考えられます。そのため、ふ化水槽や筒型ふ化器でふ化させた仔魚は、PNRまでに初期餌料（プランクトン）が存在する天然水域へ速やか、かつ安全に導かなくてはなりません。

[**71 アユ冷水病**] 養殖や天然のアユが罹る細菌による病気のことで、主に鰓蓋（えらぶた）や唇が欠けたり皮膚が溶けたりする症状が観られます。
[**72 コイヘルペスウイルス病**] 養殖や天然のコイのみが罹るウイルスによる病気のことで、主に鰓が溶けたり眼が窪んだりする症状が観られます。
[**73 卵黄**] ふ化してから摂餌ができるまで間の栄養物質のことです。下腹部に袋状に蓄えられており、発育とともに吸収されていきます。
[**74 ポイント・オブ・ノーリターン（PNR）Point of No Return**] 回帰不能点と訳され、水産分野ではその後の生残を決定づける臨界点（時期）のことです。本来は航空業界の専門用語です。

従来、ふ化直後の仔魚は沈降すると思っていた漁場管理者は、底層に貧酸素水塊※75が存在しない浅場の筏にシュロ枠を収容していました。特に、急深な多目的貯水池における浅場は、濁水の流入や水位の変動などによる悪影響を大きく受けやすい流入部以外に少なく、適当な放流地点の選定に苦慮していました。しかし、ふ化直後の仔魚は、沈降してしまうことなく水面付近に定位できる程の遊泳力を備えていることが示されたことで（図4）[41]、沖合の筏に収容するようになり、ふ化成績が改善されました。

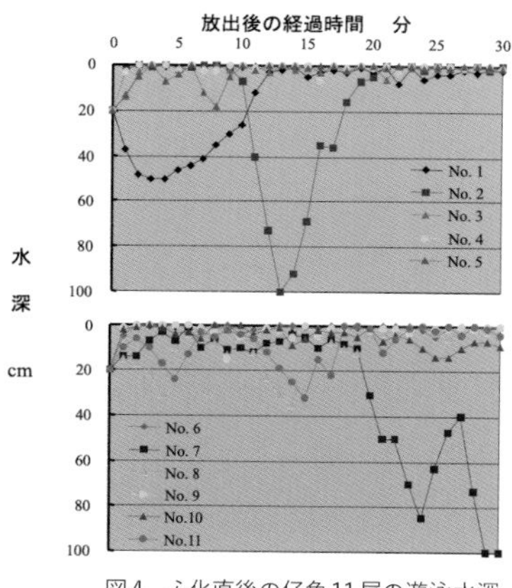

図4　ふ化直後の仔魚11尾の遊泳水深（水深20cmに放出後）

また、ふ化直後の仔魚は蛍光灯やハロゲンランプに対して正の走光性を有することも確認されました[41]。これらの生態を利用して仔魚を効率的に水槽から流出させるように、流出口や照明の位置を工夫するとよいでしょう。今後、LEDランプも含め効果的な光量や波長を検討する必要があります。

流入河川や人工水路を経て湖沼へ仔魚を流下させる場合、短距離であっても流程※76の落ち込みや段差が叩きつけられるような形状だと生残率が極めて低くなるので[46]、落下の衝撃を緩和させるために多少とも掘削して溜まりを作って漁場へ導くことが必要不可欠です。

初期餌料の不足

ふ化直後の仔魚の初期餌料は、口径に応じたワムシ類でなければなりません。しかし、この初期餌料の発生にふ化を合致させることは至難の技で、ふ化直後はその後の生残に致命的な影響を及ぼす時期（クリティカル・ピリオド※77）となります。このワカサギ増殖の最大の減耗要因と考えられてい

［75 **貧酸素水塊**］水中に含まれている酸素（溶存酸素）が極めて少ない水塊のことで、魚類にとっては極めて厳しい生息環境です。

［76 **流程**］上流から下流に向かう川の流れのことです。

［77 **クリティカル・ピリオド、Critical period**］臨界期と訳され、水産分野では資源変動における加入量を決定づける時期（出来事）のことです。教育分野などでも使用されています。

る初期餌料のマッチ・ミスマッチ仮説※78に対しては、産地を分散させて採卵日の異なる種卵を収容したり、可能ならばふ化用水の水温調整を施したりしてふ化期間の分散化を図ります。このようにして、初期餌料となる動物プランクトンの予測困難な発生時期に、多少ともふ化が重なりやすいように配慮します。

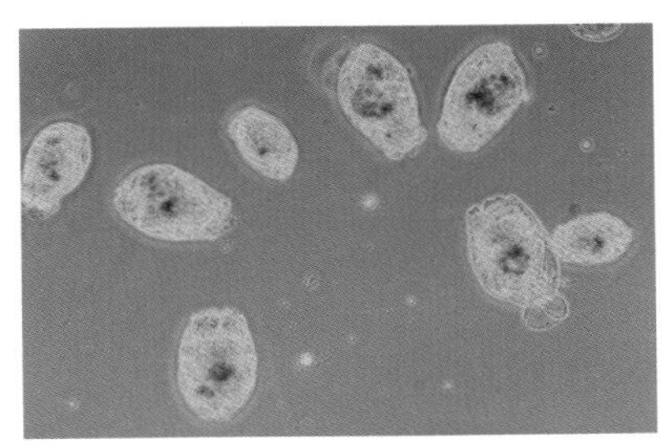
写真30　シオミズツボワムシ
（写真提供：水産研究・教育機構）

ふ化直後から給餌をすることが減耗を低減するとともに成長にも有効とされています[47]。そこで、初期減耗対策として水槽内でシオミズツボワムシ（写真30）※79をふ化直後から給餌したワカサギ仔魚を漁場へ放流したところ、実験規模で生残率の向上が認められました[41]。丹沢湖（神奈川県）[48]などでも給餌飼育後の仔魚放流が試みられており、初期餌料の発生密度の低い漁場や時期に、陸上ふ化水槽内でPNR以前まで給餌することは有効です。しかし、事業規模のワムシ培養システムの導入は、施設整備も含めた培養に要する経費や労力の観点から実現は極めて困難です。そのため、初期餌料として生物餌料に代わる配合飼料の開発や、ワムシの低水温・低塩分飼育の実用化[49]に大きな期待が寄せられます。

仔魚の漁場外流出

ワカサギ漁場である灌漑用溜池や多目的貯水池の下流水域では、種卵を放流していないのにワカサギが釣獲されることが多々あり、漁場からの放水にともなう仔稚魚の流出が示唆されています。鳴沢湖（群馬県）の堰堤（えんてい）直下にある放水口に稚魚ネット※80を設置して仔魚を24時間連続して採捕し

［**78 マッチ・ミスマッチ仮説**］餌生物が発生している時期（密度）との重なり具合により、加入量（生残量）が決まると考えることです。
［**79 シオミズツボワムシ**］動物プランクトンであるワムシの一種のことで、大量培養が可能なため、養殖している海産魚やアユの種苗に餌料として与えられています。
［**80 稚魚ネット**］目合い（網目の大きさ）の細かい円錐形の大型ネットのことで、曳航して仔稚魚を採捕するために用います。

たところ、放流量の極一部ではありますが昼夜にわたる流出が確認できました[41)]。鉛直的に放水口位置の選択が可能な漁場ならば、仔魚の低密度層（底層）の放水口から放水する対応が考えられます。しかし、農業用水の低水温化が生じてしまうというトレードオフ[※81]の関係となるので、現実的には湖流（こりゅう）[※82]も加味して放水口から離れた地点でふ化させています。また、効果は未検証ですが、仔魚の正の走光性に着目し、蝟集（いしゅう）[※83]を防止するため放水口付近の夜間照明を消灯しています。

成魚のハンドリング[※84]

ワカサギは他の淡水養殖魚種であるコイ、ニジマス、アユに比べ、ハンドリングに極めて弱いことが経験的に知られています。釣獲後やハンドリング後に針掛かりや手で触れた部位からの水カビ病発生を抑制するには1% 塩水飼育が、空中曝露（ばくろ）[※85]後の死亡率を低減させるには0.4 ～ 0.8% の塩水浴が、ワカサギ成魚に対して効果的です[41)]。漁場でのワカサギの大量死亡要因としては、貧酸素水塊の湧昇（ゆうしょう）[※86]などが挙げられます。今のところ、コイのKHV 病やアユの冷水病のような伝染性疾病は報告されていません。しかし、塩水効果によりワカサギ飼育の困難さが解消されて感染実験が実施可能となり、運動性エロモナス症[※87]菌や冷水病菌に対する感受性の有無を確認したところ、水質汚濁などの環境悪化により運動性エロモナス症が発症する可能性が示唆されました[41)]。こうした飼育に用いるワカサギを釣獲する場合、返しの無い釣り針（バーブレス・フック）を用い、0.8 ～1% 塩水を入れたバケツの上縁に糸を張り、手で魚体に触れることなく釣獲ワカサギの針を糸に掛けて即座に外してバケツ内に落とし、塩水中で運搬します。その後は1% 塩水中で飼育することで、水カビ病発生を極力抑えられます。なお、今後の課題として、塩水効果のメカニズム解明が挙げられます。塩水

[81 **トレードオフ**] 一方を尊重すればもう一方が成り立たない、つまり両立できない関係性（二律背反の状態）のことです。
[82 **湖流**] 風・密度・流入出などによる湖内の微細な流れのことです。
[83 **蝟集**] 一箇所に多くのものが集まることです。
[84 **ハンドリング**] 魚を網で掬（すく）ったり、手で掴（つか）んだりすることです。
[85 **空中曝露**] 魚を水中から出して、空気中に放置することです。
[86 **湧昇**] 深層から表層へ水塊が湧き上がることです。
[87 **運動性エロモナス症**] 養殖や天然の淡水魚の多くが罹（かか）る細菌による病気のことで、主に肛門が赤くなったり皮膚が溶けたりする症状が観られます。

効果は、増殖のみならず養殖現場における池替えや出荷時の取り揚げ、選別、運搬などのハンドリング作業を伴う際の歩留(ぶどまり)向上へ寄与し、ワカサギ成魚の追加放流などにも役立っています。

魚類などによる被食

魚食魚が生息している漁場においては、被食による減耗も懸念されています。榛名湖では、産卵期に接岸するワカサギ親魚をオオクチバスが捕食しており、捕食-被食関係※88が両種の現存量※89変動に強く相互関与していました[50]。したがって、ナマズ、ハス、サケ科魚類などが生息する漁場では、産卵期に接岸や遡上で集結する親魚を捕食魚から保護する必要もあるでしょう。また、ウグイ、ヨシノボリ属魚類およびエビ類はワカサギ卵を捕食することが確認されており[51、52]、産出卵の保護も種卵管理上の留意点です。ワカサギを最重要魚種としている灌漑用溜池では、魚食魚を池干し※90により全滅させたり、漁具により駆除したりして食害の低減を図っています。また、カワウ（写真31）やカワアイサ（写真32）などの魚食鳥による食害に対しては、被害実態を数量化し、関係機関と連携して抜本的な個体数低減策を講じることが肝要です。

各漁場の増殖現場において、これまで効果検証がされずに妄信や思い込みで行われていた作業が、全国的なワカサギ増殖の試験研究の着実な推進により徐々に検証され、科学的データの裏付けを得て技術として定着して

写真31　カワウ（写真提供：AdobeStock）

写真32　カワアイサ（写真提供：AdobeStock）

[88 捕食-被食関係] 食物連鎖における生物の種類間関係の一種（共生）のことで、「食う（捕食）食われる（被食）関係」とも呼ばれます。

[89現存量] 現時点で存在する資源量（生息尾数や生息重量）のことです。

[90 池干し] 池の水を排水して池底を干出させることです。

きています。本章では、著者（久下）が経験した科学論文とするにはデータ不足などの事象も敢えて掲載しました。今後、各漁場間でトライアル＆エラー※91も含めた試みの情報共有が益々盛んになることで、ワカサギの増殖技術が更なる発展を遂げることでしょう。ワカサギは全国各地に移殖されたため、養殖が簡単そうに思えてしまいますが、実は非常に難しいのです。その確立に向けては、海面養殖の技術を応用するほか、閉鎖循環式養殖※92のようなムーンショット※93的な取り組みにも期待します。

ワカサギの資源管理

久下敏宏

1. 資源量の増減

「3 ワカサギの増殖技術」で述べたようにワカサギの増殖事業においては、生活史初期に種卵放流を主体とした人為的な管理が行われ、この間の採卵からふ化、そして放流までの初期減耗がその後の資源量に大きく影響しています。近年、採卵方法が人工採卵法（搾出法）から自然産卵法※94へ、収容方法が浮き筏から筒型ふ化器へ移行しつつあるとともに、親魚採捕→採卵受精→受精卵粘着性除去→受精卵収容→受精卵消毒→発眼確認→死卵除去→ふ化確認→仔魚放流などの各作業段階での知見の集積と技術の定着により放流成績は向上しています。つまり、各漁場において種卵の安定確保が図れ、事故や災害による減耗がなければ、人為的な管理下による資源への添加は安定化してきていると言えるでしょう。

一方、自然産卵による加入量については、ほとんど明らかになっていません。産卵場は、諏訪湖（長野県）[53]、相模湖（神奈川県）[54]、網走湖

[91 **トライアル＆エラー、Trial and Error**] 失敗を重ねながら解決に至る行動様式（試行錯誤）のことです。

[92 **閉鎖循環式養殖**] 飼育水を注水せずに濾過や殺菌して循環させて魚介類を飼養する養殖方法のことです。海や川から離れた内陸でも設置可能です。

[93 **ムーンショット、Moon Shot**] 前人未踏で非常に困難だが達成すれば大きなインパクトをもたらす挑戦（大胆な発想に基づく挑戦的な研究開発）のことです。

[94 **自然産卵法**] 成熟した雌雄を池や水槽に放して自然に産卵させて受精した卵を採る方法のことです。

(北海道)[55]、八汐湖(やしおこ)(栃木県)[56]では流入河川に、宍道湖(しんじこ)(島根県)[57]、小川原湖(おがわらこ)(青森県)[58]、赤城大沼(群馬県)では流入河川や湖岸の水深1m以浅(いせん)の砂礫底(されきてい)※95に、霞ヶ浦(かすみがうら)(茨城県)[59]では湖岸の水深1〜2m付近の砂礫底に形成されます。一般的に、流入河川がある漁場では、その下流部に遡上し水深50cm以浅の砂礫底に、流入河川がない漁場では、湖岸の水深1m以浅の砂礫底あるいは堆積した落葉や岩盤などに産卵します。特異的に、河口湖(山梨県)[60]では湧水のある水深11.5mの湖底からも産出卵が確認されました。現存量や漁獲量のどの程度が、種卵放流由来か自然産卵由来かを明らかにすることは、増殖事業の効果判定を可能にするとともに、適正な放流量を算出する基礎データとなり得ます。そのため、種卵に耳石標識(後述)を施して放流し、その後の採捕魚に占める標識割合から由来判別※96を行い、放流効果の検証や自然産卵量の推定を試みている漁場もありますが、手法が確立されたとは言い難い状況です。

資源への加入は、ワカサギが陸封(りくふう)※97されている内陸部の漁場では主に種卵放流と自然産卵によりますが、沿岸部の汽水湖などでは海域との間で遡河(そか)・降海の回遊行動による出入りも生じます[55、61、62]。

資源の減耗要因としては、自然死亡と漁獲死亡に大別されます。前者については「3 ワカサギの増殖技術」で述べた初期減耗に対する各種対策を講じて抑えていますが、貧酸素水塊の湧昇(汽水湖での青潮※98)などの環境変化による大量死亡が生じることがあります。後者は漁業や遊漁による減耗で、後述する各種規制により乱獲とならないような措置が施されています。また、特定のプランクトンの大増殖による水の華(はな)※99(赤潮※100や青粉(あおこ)※101)

[95 砂礫底] 砂や小石が混じった底のことです。

[96由来判別] 放流魚か天然魚かなど、産地(由来)を判定することです。

[97 陸封] 海と河川湖沼(陸水)の両方で生活していた水生動物が、地形変化などにより陸水に封じ込められ、そこで世代を繰り返すようになることです。

[98 青潮] 硫化水素が発生している貧酸素水塊が強風などにより湧昇する現象のことです。魚毒性があり腐卵臭がする硫化水素が、酸化されて硫黄化合物となることで水面付近が乳青色に見えます。

[99 水の華] 富栄養化により植物プランクトンが高密度に発生して水面付近が変色する現象のことです。プランクトン(藍藻、緑藻、渦鞭毛藻など)の種類により赤潮や青粉と呼ばれます。

[100 赤潮] 富栄養化などにより植物プランクトンが異常増殖する現象のことです。水面付近が赤褐色に見えることが多く、酸素欠乏などにより魚介類の大量死亡を招きます。湖沼において発生した場合は淡水赤潮と呼ばれます。

[101 青粉] 富栄養化が進んだ湖沼において植物プランクトン(主に藍藻)が異常増殖する現象のことです。薄皮状あるいは塊状になったプランクトンにより水面が青緑色に見え、酸素欠乏などにより魚介類の大量死亡を招きます。

は、死亡には至らなくても成長の不良や魚体のカビ臭※102を招く場合があり、水質環境を保全することは重要です。

筒型ふ化器、ふ化水槽、筏などから放流された仔魚は漁場内に分散していきます。分散は非常に速やかで、網走湖（最大水深16.8m、湖水面積32.3 km²、湖面標高0m）では、網走川（北海道）から流入した仔魚が1週間程度で湖内全域に至ります[43)]。遊泳力の乏しい仔魚のこうした水平分布は物理的な受動的輸送に影響され[62)]、PNR（前述）までに初期餌料であるワムシ類に遭遇して捕食しなければ生残できません。大きな減耗が生じるこの期間を乗り越えた後、成長段階に見合ったプランクトンなどの餌料を捕食して、漁獲・釣獲サイズに達することで資源への加入が果たされます。

2. 資源管理の方法

資源管理の手法は、「投入量規制（インプット・コントロール）：漁船の隻数や規模、漁獲日数などを制限する」「技術的規制（テクニカル・コントロール）：漁船設備や漁具仕様を規制する」「産出量規制（アウトプット・コントロール）：漁獲可能量の設定などにより漁獲量を制限する」の3つに大別されます。国内の海面や内水面では、各漁業の特性や関係する漁業者の数、対象となる資源の状況などにより、これらの管理手法を使い分け、組み合わせながら資源管理が行われています。

ワカサギ漁業の場合も同様で、投入量規制として操業する隻数や期間・区域、技術的規制として漁法や目合い（網目※103の大きさ）、産出量規制として期別漁獲量などが各漁場の状況に応じて設定されています。遊漁に対しても、「1 ワカサギの遊漁科学」で述べたように釣り竿数、釣獲時間、釣り方などが細かく規定されています。こうした資源管理手法を用いて、稚魚や未成魚の乱獲を防止し、親魚や産卵場を保護することで、資源の維持と増大を図っています。

［**102 カビ臭**］特定の植物プランクトンが産生した物質が水に溶けたり魚に取り込まれたりして着臭し、カビや墨汁のように感じる臭気のことです。
［**103 網目**］網の編んである糸と糸で囲まれた隙間の部分のことです。

因みに著者（久下）は、個人的に電動リール・電動船外機・電動ドリル（写真33）を使用しない自主規制を、資源管理と健康管理の両面から実践しています。

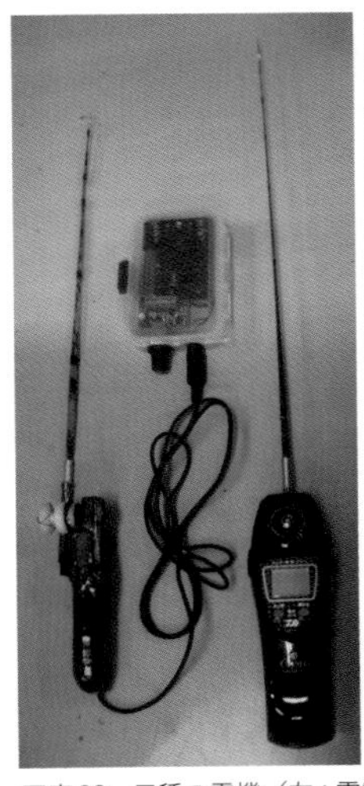
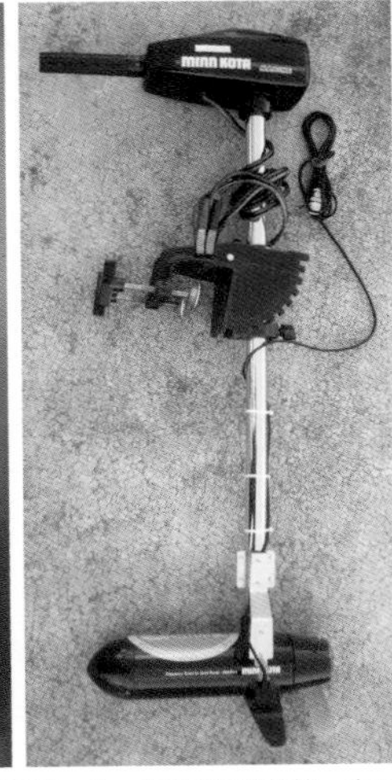

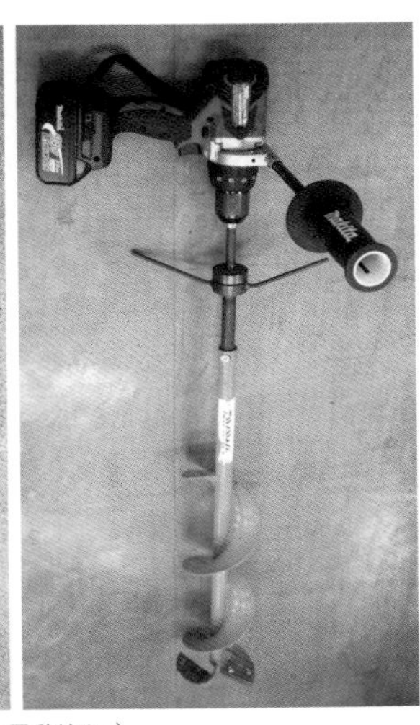

写真33　三種の電機（左：電動リール、中：電動船外機、右：電動ドリル）

3. 資源量の推定

資源管理を実行する上で、現存量はもちろん加入量や減耗量を推定し、資源動態を把握することが重要です。その際、資源の年級群構成※104も明らかにする必要があります。しかし、漁獲情報が不十分、湖盆（こぼん）形態※105が複雑、解析手法が難解であったりして推定法が一般化されていません。増殖効果判定や漁況予測にも資源量推定は前提となるため、漁獲調査、魚群探知機探査、操業日誌調査※106などにより、汎用性が高く高精度な推定法の確立を目指した取り組みが行われています。

ワカサギでも、漁獲調査の一環として耳石標識放流※107や日齢・年齢

［**104 年級群構成**］生まれ年が同じ年齢集団（年級群）の組成のことです。
［**105 湖盆形態**］湖沼の水を湛えている窪んだ部分（湖盆）の形のことです。
［**106 操業日誌調査**］漁業の状況を記録した日誌を調査することです。
［**107 耳石標識放流**］耳石に標識を施した標識魚を放流することで、標識魚の採捕率を調査して生残率や資源量を推定します。

査定[※108]が行われています。耳石は、眼球の後ろ脳の下にある炭酸カルシウムの結晶で、扁平石・礫石・星状石の３種類が１対ずつ計６個ありますが、一番大きくなる扁平石を一般には指し、標識放流や日（年）齢査定などに利用します。なお、星状石はふ化時にはまだ形成されていません。

標識放流

魚類の資源量推定や移動分散調査の際に用いられる標識方法のうち、ワカサギのように小型でかつハンドリングに極めて弱い魚種は、鰭切除やタグ[※109]装着などによる体外標識法は不可能です。その代わりに、体内標識法である耳石標識が、大量に標識を施す場合の作業効率や標識付与後の死亡率などの点で実用的です。

発眼卵を標識剤溶液に浸漬して、耳石に標識剤を取り込ませて染色することで標識を施します。標識の確認は、魚体中から耳石を摘出し、顕微鏡下で標識剤の発色の有無を確認します。標識剤としては、アユ、マダイ、サケ科魚類などで利用されていたアリザリンコンプレクソン（ALC）[※110]などが用いられてきました。しかし、食の安全安心やコストの観点から、それらに代わる標識剤の開発が求められおり、動物性天然色素であるコチニールによる発眼卵への染色に関する実用化試験が行われています（写真34）[63、64]。

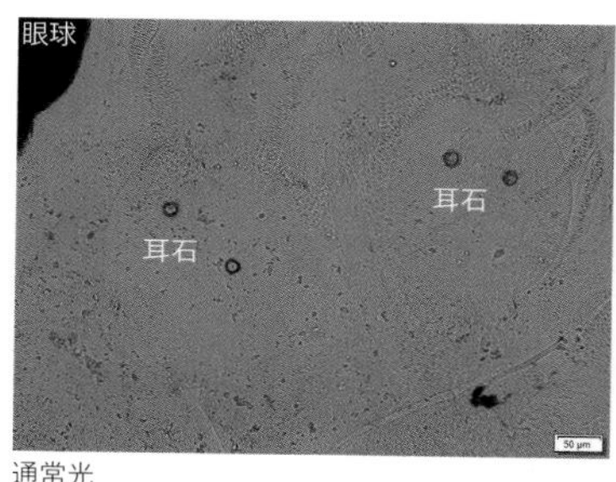

通常光

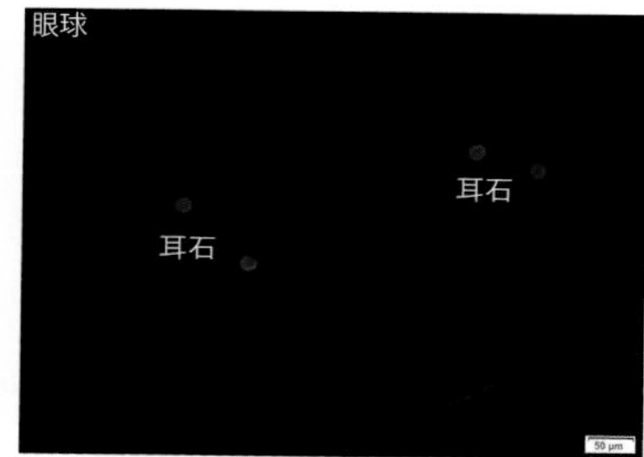

蛍光（蛍光下でコチニールが朱色に発色）

写真34　耳石（扁平石、礫石）のコチニール染色標識（ふ化直後のため耳石は摘出せずに仔魚の頭部を検鏡）（写真提供：長野県水産試験場）

［108 **日齢・年齢査定**］生まれてからの日数（日齢）や年数（年齢）を推定することです。

［109 **タグ**］プラスチック製の標識のことです。T字型やリボン型、番号付きなどがあり目的に応じたタイプを魚体に装着します。

［110　**アリザリンコンプレクソン（ALC）**］カルシウムと結合する蛍光を発する化合物のことです。

日（年）齢査定

ワカサギの耳石には、輪紋（りんもん）（1組の成長層と不連続層）が1日にほぼ1本ずつ形成されてます[65]、また、ニジマスの耳石へのカルシウム沈着※111には日内変動があり、カルシウムに富んだ成長層が形成される時間帯は季節的に変化するとされてます[66]。これらのことから、ワカサギでは魚体中から耳石を摘出し、見にくい場合は研磨して顕微鏡下で観察します。表面や横断面の全輪紋を計数することによりふ化日が、輪紋数の間隔や透明・不透明帯※112の状態から年齢が推定できます（写真35）。因みにふ化から1年未満の0歳魚を当歳魚（とうさいぎょ）、1年以上経過の1歳魚以上を越年魚（えつねんぎょ）と呼びます。

さらに、耳石を用いて淡水より海水に多く含まれる微量元素であるストロンチウムを分析することで、サクラマスで調べられているような降海履歴などもわかります。

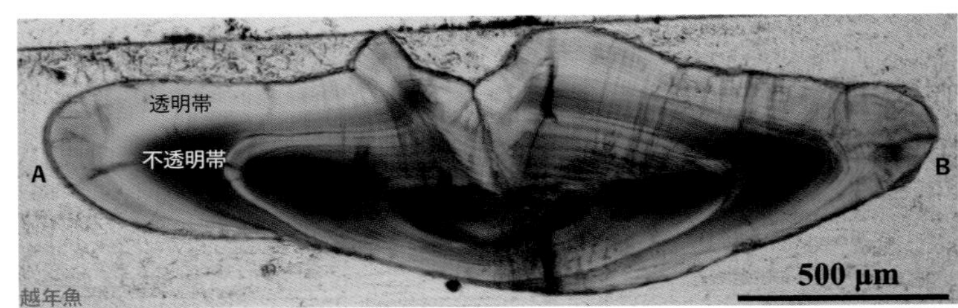

横断面

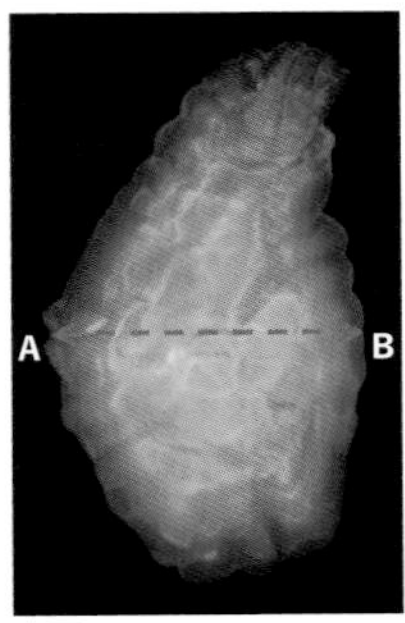

表面

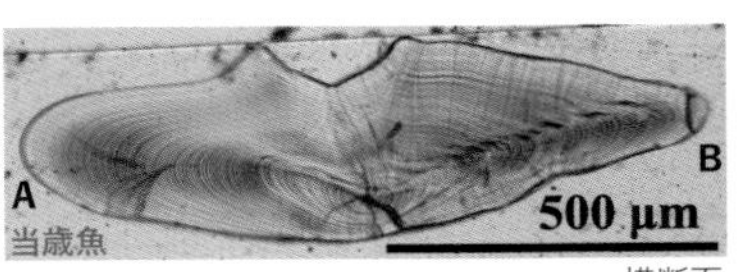

横断面

写真35　耳石（扁平石）横断面の日周輪、透明帯と不透明帯
（写真提供：群馬県水産試験場）

［111 カルシウム沈着］血液中のカルシウムが組織に付着することです。

［112 透明・不透明帯］耳石に生じる輪紋の半透明（透明帯）あるいは白濁（不透明）している帯状の部分のことです。

4. 各漁場の現状

ワカサギの漁業と遊漁が行われている漁場3か所（網走湖、霞ヶ浦、諏訪湖）と、遊漁のみ行われている釣り場1か所（赤城大沼）における資源管理の概況は以下のとおりです。なお、網走湖と諏訪湖は「3 ワカサギの増殖科学」で述べたように古くからの種卵産地でもあります。また、水産資源保護法によるワカサギの保護水面※113が、霞ヶ浦と諏訪湖に指定されています。

網走湖[67)]

さけ・ます内水面水産試験場、網走水産試験場、網走市、そして西網走漁業協同組合により、漁況予測のために湖内と流入河川で定期的な採捕調査を行っています（写真36）。また、曳網（えいもう）回数・漁獲量・魚体サイズもモニタリングし、その結果に基づき1日当たりの漁獲量を制限するなどの資源管理型漁業を実践しています。さらに、秋季の曳（ひ）き網漁業は、発電機と揚網（ようもう）※114が装備された動力船を用いますが、乱獲防止のため魚群探知機

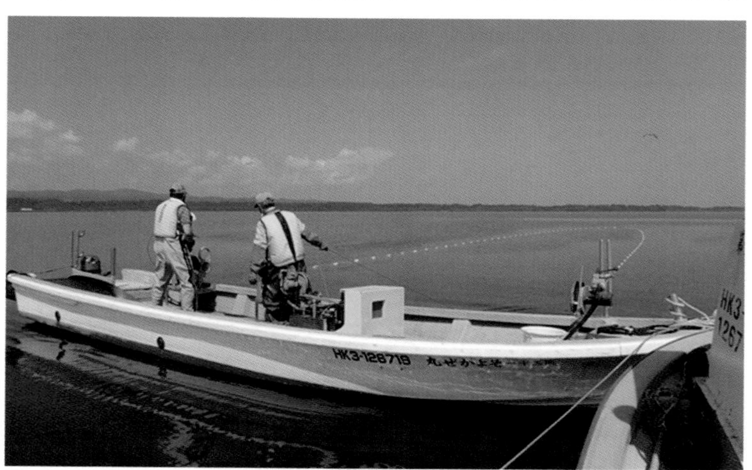

写真36　網走湖における曳き網による稚魚調査（写真提供：真野修一）

［113 保護水面］水産動物が産卵し、稚魚が育成し、または水産動植物の種苗が発生するのに適しており、その保護培養のため必要な措置を講ずるべき水面のことで、都道府県知事または農林水産大臣が指定し、水産動植物の採捕が厳しく規制されています。

［114 揚網］曳き揚げる（寄せる）網のことです。

の使用を禁止しています。なお、春季は、シラウオ親魚やサケ稚魚の混獲を避けるため曳き網漁業は実施していません。

他方、阿寒湖（北海道）では、漁獲量と魚群探知機による面積錯乱係数を用いた推定法の実用化に取り組んでいます（「４章 各地のワカサギ 北海道のワカサギ」参照）。

霞ヶ浦[68)]

茨城県内水面水産試験場と漁業者により、漁況予測のため曳き網漁業解禁前に採捕調査を行い、漁獲量や魚体サイズを情報共有して面積密度法[※115]を用いて資源水準値を算出しています[69)]。加えて、曳き網漁業の操業日誌調査を行い、漁獲量や漁獲圧[※116]の推定に取り組んでいます。操業期間を、曳き網漁業が7月21日から12月31日まで、定置網漁業が2月を除く周年に制限しています。また、産卵期の1月21日から2月末日までと成長期の5月1日から7月20日までは、それぞれ親魚と稚魚を保護するため採捕禁止期間と定めています。

諏訪湖[70)]

長野県水産試験場により、ワカサギ魚群が夜間に分散する生態に着目し、魚群探知機を用いた水容積法で資源量を推定しています。つまり、夜間航行した際の魚群探知機の個体映像を計数し、諏訪湖の容積に引き伸ばすことで資源尾数に換算しています。サイズ的に魚群探知機に反応しづらい仔稚魚は、ネットによる採捕調査を行って補足しています。また、漁業協同組合により、毎月の試験採捕が行われ、魚体サイズなどをモニタリング[※117]しています。これらの結果に基づき、法令などによる規制に加え、禁漁区の設置・投網漁の操業期間・釣獲量の上限などを自主規制しています。

[**115 面積密度法**] 底曳き網による漁獲調査により、曳網面積と資源密度および漁獲効率から漁場全体の資源量を推定する方法のことです。

[**116 漁獲圧**] 資源に対する漁獲の圧力（強さ）のことです。

[**117 モニタリング**] 対象を継続的または定期的に観察・記録することです。

赤城大沼

群馬県水産試験場では、県内各漁場でサンプリングしたシュロ枠の放流卵を場内にてふ化させて着卵数とふ化率を求め、ふ化後に各漁場の稚魚ネットによる曳航採捕率※118を求めて資源添加の状況を推定しました。全長が10mmを超えると遊泳力が向上して、電動船外機による稚魚ネット曳航での採捕は困難となるため、その後の現存量の推移を採捕によって確認するのは釣獲サイズに達するのを待つしかありません。この間、魚群探知機にワカサギの様な魚群が映っても、船上から投網で採捕してみると浮遊期※119のヨシノボリ属仔魚であったりすることもあり[71)]、汎用性のある簡易な採捕手法の開発が課題となっています。釣獲サイズに達した後は、釣りによる単位努力量当たり漁獲量(CPUE※120)や魚群探知機映像の濃淡により現存量を推定していますが、経年変化が比較できるような定量化※121手法の確立が増殖現場では求められています。諏訪湖の水容積法を参考にして、赤城大沼にて記録式魚群探知機※122を用いた夜間探査による現存量推定を試みました。しかし、昼間に水深6～9mの湖底にいた魚群が夜間に上層へ分散していくことは確認できましたが、深部では分散後の個体映像が重なってしまい推定に至りませんでした（写真37）[72)]。

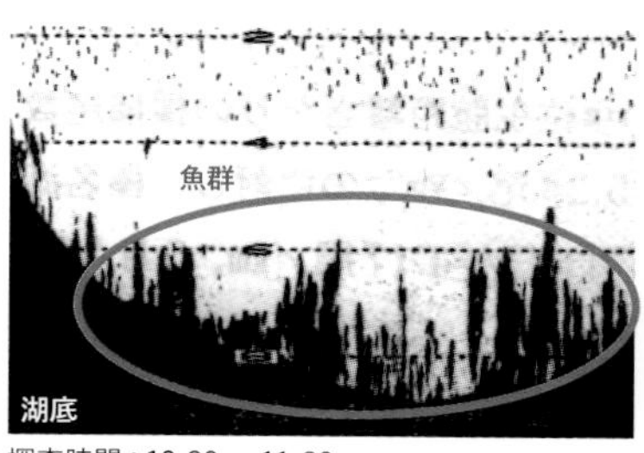

探査時間：10:30～11:30

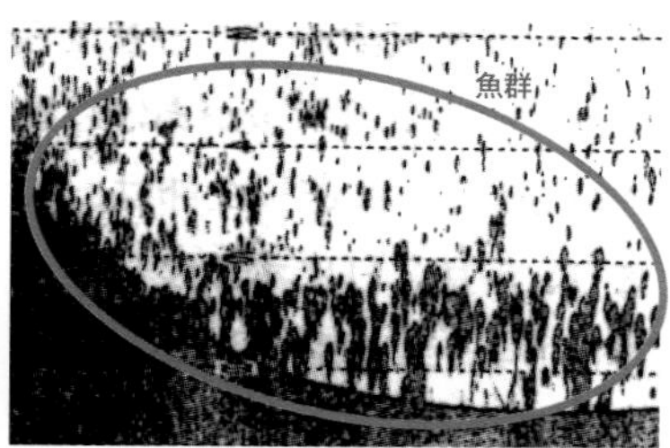

探査時間：20:30～21:30

写真37　赤城大沼における記録式魚群探知機の映像（1997年8月27日）
※図中の数字は水深（m）

[**118 曳航採捕率**] 船で網を曳いた際の単位曳航距離当たり採捕量のことで、単位は尾/kmなどを用います。

[**119 浮遊期**] 水中を浮遊している時期のことです。

[**120 CPUE（シー・ピー・ユー・イー、Catch Per Unit Effort）**] 単位努力量当たりの漁獲量のことで、単位は尾/時間などを用います。

[**121 定量化**] 物事を数値で表すことです。

[**122 記録式魚群探知機**] 紙や磁気媒体に探知画像を記録できる魚群探知機のことです。

5. 環境収容力

ワカサギには、漁場内の密度が高い（数が多い）と体サイズが小さく、密度が低い（数が少ない）と体サイズが大きくなるという密度効果※123が現れます。また、その漁場において継続的に生息できるワカサギの最大量、つまり密度が飽和に達した時の個体数を環境収容力※124と言います。

漁場の環境収容力を決定づける主な要因は、餌料や水質などの生息環境です。成長段階に応じた餌料の質と量が十分に確保され、適正な水質が維持されれば環境収容力は極大となります。

餌料については、富栄養な漁場の方が貧栄養※125な漁場よりも量的には生産力があります。しかし、質的にワカサギの成長段階に合致した餌料であるか否かが重要となります。また、餌料生物の消長（しょうちょう）※126は、天候や捕食者密度などの様々な環境要因によって支配されており、予測は極めて困難です。

水質については、特に夏季の高水温期における生息水温が、適水温を超えると成長や生残に大きく影響します。夏季成層期に水温躍層以深で激減する溶存酸素も同様に生息を制限する要因です。したがって、夏季の水温と溶存酸素の鉛直分布が、各漁場においてワカサギの生息が可能な範囲を制限し、延いては環境収容力に大きく影響を及ぼすこととなります。

多目的貯水池では河川流入部に近い方が躍層の水温変化は小さく、河川水の流入が水温の鉛直分布に作用します。特に神流湖（かんなこ）（群馬県：最大水深126m、湖水面積3.27 km²、湖面標高297m）では、河川水が楔（くさび）のように湖内に流れ込んで、夏季の深層でも生育に支障のない量の溶存酸素が水温躍層下に存在します（図5）[41]。また、湖心でも水深毎に採水すると、過去の出水に由来すると思われる濁水がサンドイッチ状に採水される層があります。

他方、農業用溜池のうち鳴沢湖（群馬県：最大水深18m、湖水面積0.17 km²、湖面標高196m）では表層から中層にかけて明瞭な躍層が形

[123 **密度効果**] 密度（単位空間当たりの個体群の量）が変化すると、体サイズ（体長や体重）や生存率などが変化する現象のことです。

[124 **環境収容力**] ある空間で特定種が維持できる最大数のことで、環境収容量とも呼ばれます。

[125 **貧栄養**] プランクトンなどの栄養分である窒素やリンが少ないことです。一般的には汚濁していない水質の状態です。

[126 **消長**] 増えたり減ったりすることです。

成されましたが、同規模の丹生湖（にゅうこ）（群馬県：最大水深13m、湖水面積0.22 km^2、湖面標高205m）では、底層で水温変化が生じたのみでした（図6）[41、73]。この理由として、丹生湖内に設置された散気装置（コンプレッサーで底層に空気を送り気泡を発生させるシステム）の稼働にともなうエアーリフト※127が躍層をほとんど消滅させ、貧酸素水塊の出現を阻んで生息が可能な水深を拡大させたことが推察されます。

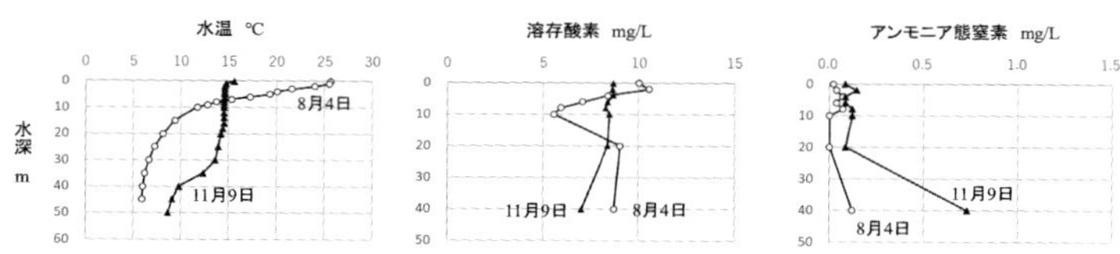

図5　神流湖の夏季と秋季の水質（1998年）

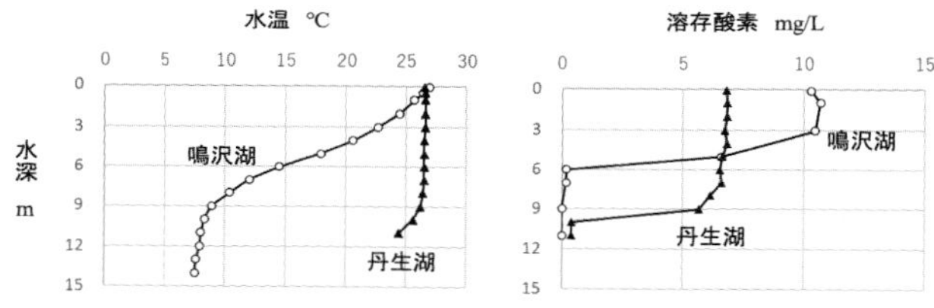

図6　夏季の鳴沢湖（2002年9月3日）と丹生湖（1999年9月7日）の水質

上位の生物群集※128の捕食圧※129が下位の生物群集※128に作用して透明度を変化させることから[74]、ワカサギ資源の多寡が食物連鎖を通じプランクトンの現存量の増減に影響を及ぼし、その結果として透明度に変化が生じます（トロフィック・カスケード効果※130）。「ワカサギが増える→動物プランクトンが減る→植物プランクトンが増える→透明度が下がる」、逆に「ワカサギが減る→動物プランクトンが増える→植物プランクトンが減る→透明度が上がる」という連鎖が顕著に現れやすい漁場では、透明度の変動から現存量の多寡が大雑把に推定できます。

これまで環境収容力を数値的に定量化できた漁場は少なく、今後も各漁

［127 **エアーリフト**］気泡の上昇とともに水を下層から上層に送ることです。
［128 **上位（下位）の生物群集**］食物連鎖（捕食者と被食者の繋がり）における食う者（上位）と食われる者（下位）の集団のことです。
［129 **捕食圧**］生物群集に対し捕食者による捕食が及ぼす作用のことです。
［130 **トロフィック・カスケード効果**］食物連鎖において上位である魚の捕食の影響が、段階的に下位の植物プランクトンや水質にまで順に影響することです。

場における餌料プランクトン生産量や水質環境などから、環境収容力を算出できるような取り組みを積み重ねることが必要です。

6. 今後の資源管理

漁場管理上の大きな問題となっているワカサギの資源量変動について、その高位安定化[※131]を目指して、「ふ化管理技術の確立」「減耗要因の解明」「適正放流量の算出」「資源管理手法の開発」を主な到達目標として、研究機関や漁業協同組合などが協力しながら各種の調査や試験が実施されています。

環境収容力の観点に基づいた漁場管理を図るべく、試行錯誤しながらデータを集積していくことが適正放流量の算出に通じると確信しています。

資源量変動には多くの減耗要因が関与していますが、それぞれについて減耗機構の詳細を完全に解明するまでには至っていません。一方で、各減耗要因の対策が実際にどの程度の資源増殖効果をもたらすかということについても多くが検証できていません。産地や放流時期が異なる放流卵の放流効果の判定、環境DNA[※132]や計量魚群探知機[※133]によるワカサギ現存量の推定、鳥類などの胃内容物による捕食量の算出など、各発育段階における減耗過程を定量的に明らかにしていくことが、資源量変動を回避させる抜本的な対策に繋がると考えます。

これら既往の知見に新たな知見を加味し、移殖や増殖に際しては生態系への多角的な影響評価を行いながら漁場管理を安定的かつ効果的に実践すべく、増殖現場の状況に即した資源管理手法を開発していくことが大切です。

ワカサギに学ぶ会（「5章 これからのワカサギ」参照）や水産庁委託事業のように研究機関が連携して課題解決に取り組むとともに、漁場管理者もLOVE BLUE 事業（「5章 これからのワカサギ」参照）を活用することで大きな成果が生じています。今後も関係者が一丸となってワカサギを核に漁業、観光、地域の振興がさらに推進されることを祈念しています。

[131 **高位安定化**] 最大値付近で安定することです。
[132 **環境DNA**] 海や河川湖沼などの水、土壌、大気といった環境の中に存在する生物由来のDNA（遺伝情報物質）のことです。
[133 **計量魚群探知機**] 探知反応を定量化された数値に変換して出力する機能を備えた魚群探知機のことです。

Chapter

各地のワカサギ

～身近なワカサギ

北海道のワカサギ

空からみた北海道の湖

中標津空港より新千歳空港へ向かう飛行機の窓から撮影した冬の阿寒湖（左）雄阿寒岳、パンケトー（右上）、ペンケトー（右下）です。飛行機からでも北海道の地平線が見えました。

真野修一

ワカサギは、北海道の内水面漁業において漁獲量がヤマトシジミに次ぐ第2位の重要な魚種です。また、道内の遊漁券発券枚数の調査結果を見ると全体の65～80%を占めており、レジャーの対象種として最も親しまれていることがわかります。道内でワカサギが生息する湖は、白石（1961）[1)]に記されているほかにも多くあります。ここではその中から特徴的な湖を取り上げて紹介します。

網走湖

網走湖（あばしりこ）は北海道東部に位置し、約7kmの河道でオホーツク海につながる汽水湖です（図1）。ヤマトシジミの漁獲量は道内の90%近くを占める上、ワカサギの漁獲量も道内の半分以上を占め全国的にも上位の湖です。ワカサギ漁は9～11月の秋漁（写真1）と1～3月の氷下曳き網漁[2)]によって漁獲されます。さらに、4～5月の産卵期には多くの卵を採卵し、増殖用種卵として全国各地へ発送するという大変重要な役割を担っています。また、冬季の穴釣りでは大きな魚が多数釣れることから、2020年の遊漁券発券枚数は道内最多でした。

網走水産試験場は、漁業者らとともに1980年代より網走湖のワカサギの成長段階に応じた調査を行い、その生活史は非常に複雑であることなどを解明してきました[3)]。その中で、降海が終了した段階での調査結果から、秋漁の漁獲量を予測できるようになりました。また、氷下漁では十分な産卵親魚数を残せるようCPUEが20kg/1回曳き網を下回るようになった時点で漁を終了するよう漁業者に提案し実践されています。ところが、2013年春に採卵数が激減し、現在も以前の水準には

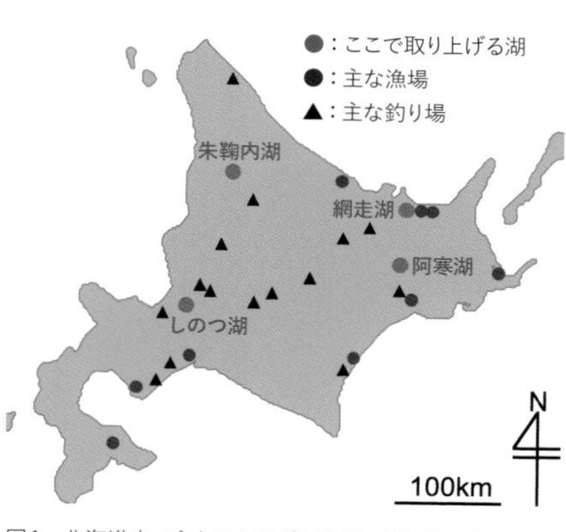

図1　北海道内の主なワカサギの漁場、釣り場の位置

写真1　網走湖の秋漁の様子

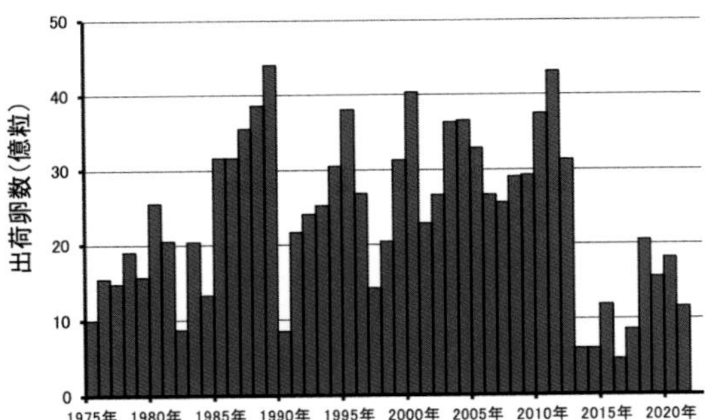

図2　網走湖での採卵数の推移（データ提供：西網走漁業協同組合）

戻っていません（図2）。その理由は、2012年秋の遡上尾数は平年並みでしたが体重が平年よりかなり小さかったことから成熟しない魚が多かったため、あるいは成熟しても孕卵数（1尾の雌親魚が体内に持つ卵の数）が少なかったためと考えています。しかし、2013年以降の秋季遡上魚の尾数や体重は平年並みであるにもかかわらず採卵数が回復しない要因はわかっていません。

阿寒湖

阿寒湖（あかんこ）は湖面が標高420mにある淡水湖で、特別天然記念物に指定されているマリモの生息地として有名です（図1）。ワカサギ資源は、1929年（昭和4年）に網走湖からの移植により作られたもので[4]、阿寒湖漁業協同組合には1931年以降の漁獲量データが残されています（図3）。放流後、資源は急速に増加し200トン近く漁獲された年もありますが、最近では20トンほどしか漁獲していません。1950～60年代にかけて漁獲量が減少している理由は不明ですが、1980年代後半以降に減少している要因は、湖畔に公共下水道が整備され浄化対策が進んだことによると考えられています[5]。まさに「水清ければ魚棲まず」ということなのでしょう。

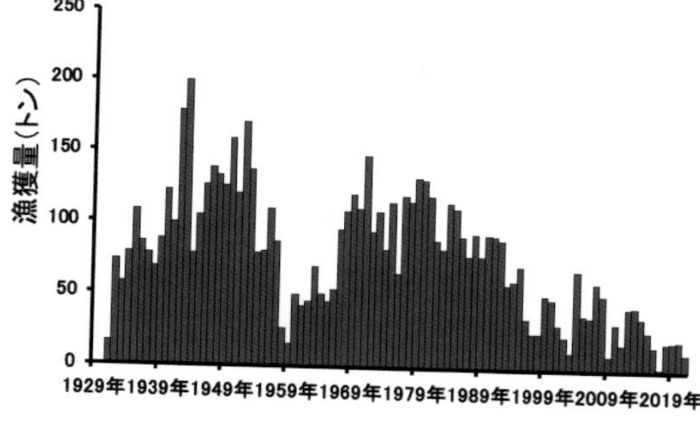

図3
阿寒湖の漁獲量の推移
（データ提供：阿寒湖漁業協同組合）

現在、さけます・内水面水産試験場では、魚群探知機を使ってワカサギの資源量を推定するための研究を行っています（写真2）。これまで、資源量推定には漁業データなどが十分にそろっていなければならないとされていましたが、研究が進めば漁業が行なわれていない湖でも推定できるようになるかもしれません。さらに、過去の経験から種苗放流数を決めてきた

写真2　阿寒湖における魚探調査で捉えられた魚影

左：昼間は湖底近くに密集している　右：夜間は湖面近くにまで広がり餌をとっている（魚探のモニタ部分を切り取った。右半分は小さな魚の探査に適した高周波での映像、左半分は広範囲に探査をするのに適した低周波の映像）。

湖でも、科学的な根拠をもとに翌年の放流数を決定できるようになるのではないかと期待しています。

湖畔はホテルが建ち並ぶ道内有数の温泉地で多くの観光客が訪れ、冬季には氷上で様々なイベントが行われ、氷下漁の見学ツアーが行われたこともあります（写真3）。コロナ禍が発生する以前より、遊漁券発券枚数は減少傾向でしたが2020年には増加に転じました。これは、密を避けて老若男女を問わず家族単位で手軽に行えるレジャーとして人気が出てきたためと考えています。

写真3　阿寒湖で氷下漁を行う漁業者とその様子を興味深そうに見学するツアー客

朱鞠内湖

朱鞠内湖は、1943年（昭和18年）に雨竜第一ダムの完成によりできた人造湖で、その面積は国内最大でありながらも知名度は高くありません（図1）。しかし、国内では最大サイズになり「幻の魚」といわれ、環境省の絶滅危惧種にも指定されているイトウの釣り場として釣り人の間ではたいへん有名です（写真4）。体長1m以上にもなるイトウは魚食性で、ある成長段階においてワカサギは重要な餌生物になっているのでしょう。それにもかかわらず、冬季の氷上釣り場では魚体が小さいものの非常に多くの尾数が釣れるため熱心なリピーターが訪れます。人間によって造られた湖ですがイトウやワカサギにとって住みやすい湖なのでしょう。

しのつ湖

しのつ湖は北海道中央部に位置し（図1)、漁業は行われていませんが2020年の遊漁券発券枚数は道内第2位でした。これは、道内で最も人口の多い札幌市とその近郊の人口密集地帯からの距離が近いこと、湖畔にある温泉施設の入場券とセットになった遊漁券が販売されていることも人気を得ている要因と考えています。

まとめ

ここでは、北海道内の一部の湖を紹介しました。そして、ワカサギの内水面漁業における重要性や広く道民に親しまれている魚であることを再認識しました。このような魚の調査研究に携われることに感謝し、今後も有用な成果をあげられるよう取り組んでいきたいと思います。

写真4　春の朱鞠内湖　この日もイトウ釣りをしている人がいました

青森県のワカサギ

夏の風物詩「青森ねぶた」

「ねぶた」ともいわれ、7月下旬から8月上旬になると青森県内はねぶた一色に盛り上がります。
ぜひ一度は目にしておきたい祭典の一つです。

髙橋進吾・鳴海一侑

青森県のワカサギは、全国有数の漁獲量を誇っています(第2章)。そのうち小川原湖(おがわらこ)がほとんどを占め、次いで十和田湖(とわだこ)となっています。

ここでは、主産地である小川原湖と十和田湖の漁業の状況などについて、それぞれ紹介したいと思います。

小川原湖

小川原湖は、青森県東部の中央付近に位置し、湖の東北端から約7kmの高瀬川(たかせがわ)により太平洋に通じ、潮の干満(かんまん)によって海水が流入する汽水湖であり「地図の上でみると長靴のようだ」と表現されることもあります(図4)。

かつて小川原湖は、海が内陸に閉じ込められて生まれた湖で、長い年月の間に海水から今の姿である汽水湖に近づいてきました。その名残で、小川原湖の湖底には海産種の死貝が埋もれていて、湖周辺にも多くの貝塚が存在して海産魚種の骨が見つかっています。

小川原湖は全国有数の内水面漁業基地であり、ヤマトシジミやシラウオの水揚げも全国上位を占めていて"宝湖(たからぬま)"とも呼ばれています。

ここ30年程のワカサギ漁獲量の推移をみると(図5)、近年は減少傾向にあり、2021年は210トンとなっています。

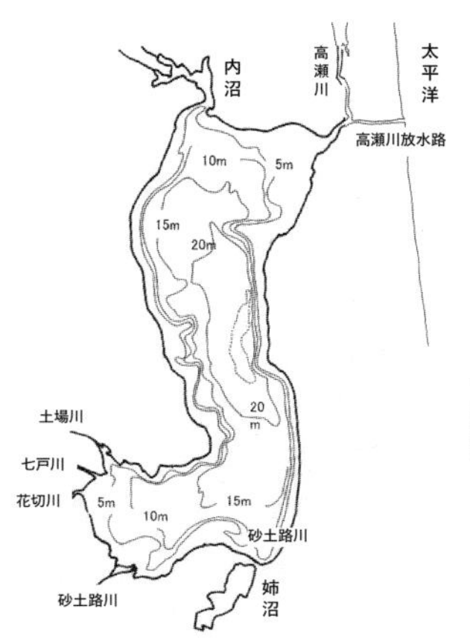

図4　小川原湖の概略

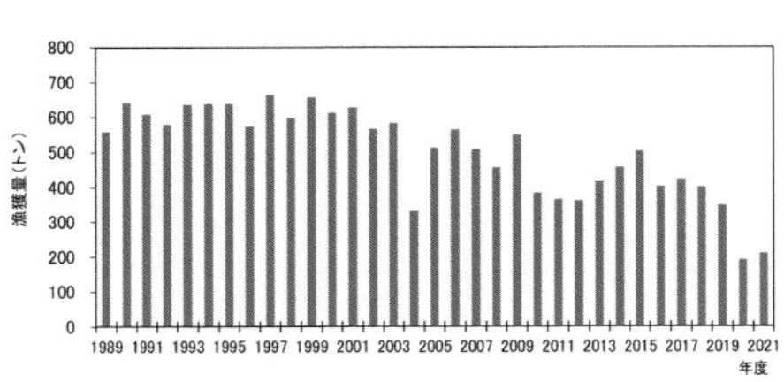

図5　小川原湖におけるワカサギ漁獲量の推移(集計期間4月～翌3月)
(出典：小川原湖漁業協同組合_通常総会資料)

（1）小川原湖のワカサギ漁業

小川原湖のワカサギ漁業は、資源保護のため漁期を4月下旬～6月中旬の春漁と9月～3月上旬の秋漁に分けて行っています。また、禁漁期間を設けるだけでなく漁協の自主的措置として漁獲制限などを設定しています。漁期前半は小型定置網による漁獲が主であり、後半には船曳網や刺網漁業を行う年間の流れとなっています。また、春の産卵期（盛期は3～4月）の出現動向などから、湖内滞留型（小型群・産卵期の体長4～6cm 程度）と降海回遊型（大型群・産卵期の体長8～10cm 程度）の2群の存在が言われています[7]。

❶小型定置網漁業

〇胴網漁業

小型の網で水深3m 以浅の岸側に設置して毎朝、船または浅い所であれば岸から胴付き長靴を履き、網上げを行います（図6）。

〇ふくろ網漁業

水深3m以上のやや沖合に設置し、ワカサギやシラウオを漁獲します。胴網と比較して大きく、船で網上げを行います（図7）。

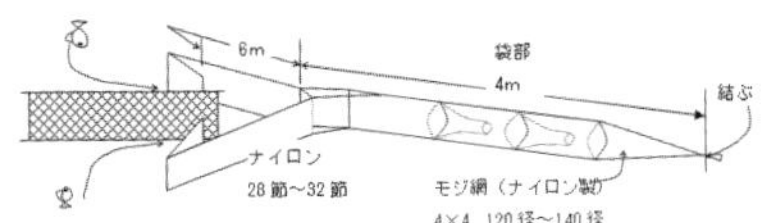

図6　胴網

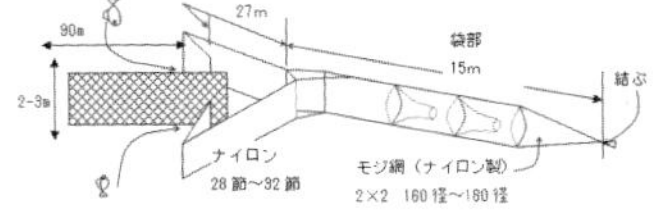

図7　ふくろ網

❷船曳網漁業

5トン程度の漁船に4～5人が乗船し操業します。

操業方法は、魚群探知機によりワカサギの位置を把握し、その後、目印のブイを投げ込み、目印を中心に円を描きながら300～400m程の網でワカサギを囲うように網を降ろします。網が一周したところで船をアンカーで固定し、網の両端を徐々に引き揚げます（図8）。

漁獲後は、子舟（輸送船）が荷捌場へ水揚げします（写真5）。

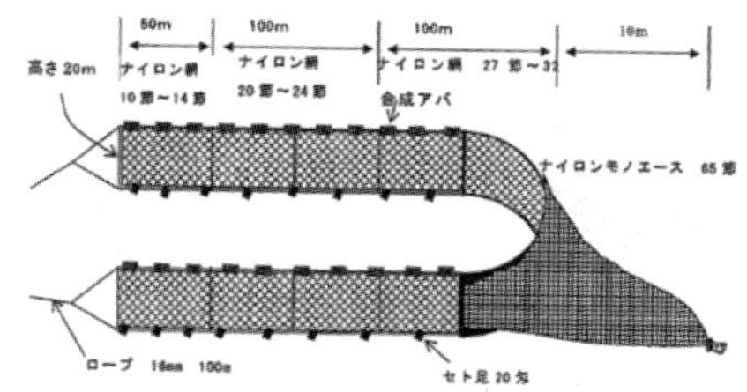

図8　船曳網

写真5　船曳網漁の様子

❸氷下曳漁業

冬期には、伝統漁法として結氷した氷の下を人力で網を引く氷下曳（シガビキ）漁が行われます。結氷した湖では船が出せないために考案された漁で、氷に穴をあけて網を降ろし、漁を行います。現在では、本州地域で唯一実施している湖といわれています（写真6）。

写真6　氷下曳漁業の今と昔

（2）ワカサギの人工ふ化

大正6年から昭和20年までの間、ワカサギの人工ふ化放流を実施していました。人工ふ化放流事業の初期は、親魚採捕に苦慮していました。何故なら、小川原湖のワカサギの産卵期は湖の融氷期と重なり、漁が困難なためです。それでも試行錯誤を繰り返しながら親魚催熟[※1]池を用意するなどして、親魚候補を蓄養することで人工ふ化放流を行っていました（写真7）。

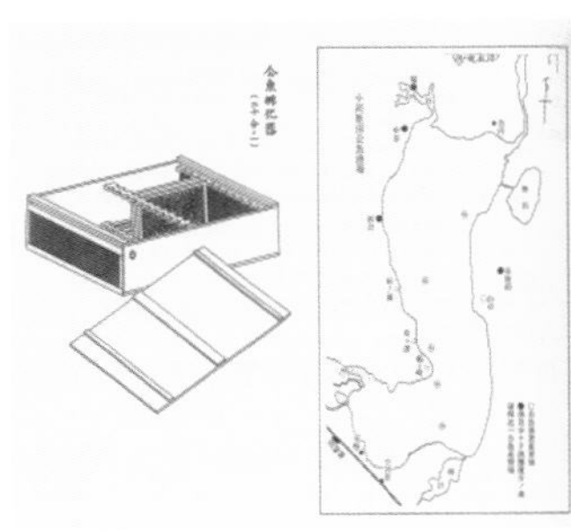

写真7　ワカサギふ化器（左）と人工授精の様子

[1 催熟] 人為的に成熟させること。

小川原湖の南に位置する姉沼では、氷上でのワカサギ釣りが盛んで、冬の風物詩となっています。例年1月中頃から湖の結氷の次第ですが3月上旬頃まで遊漁を楽しむことができます（写真8）。

また、小川原湖の湖畔沿いには湖水浴場やキャンプ場が整備されていて、春から秋にかけては散策や湖畔キャンプで賑わっています。

写真8　ある日のワカサギ釣りの風景

十和田湖

十和田湖は、青森県南部の中央に位置し、青森県と秋田県にまたがった湖面標高400 mの二重カルデラ湖です（図9)。

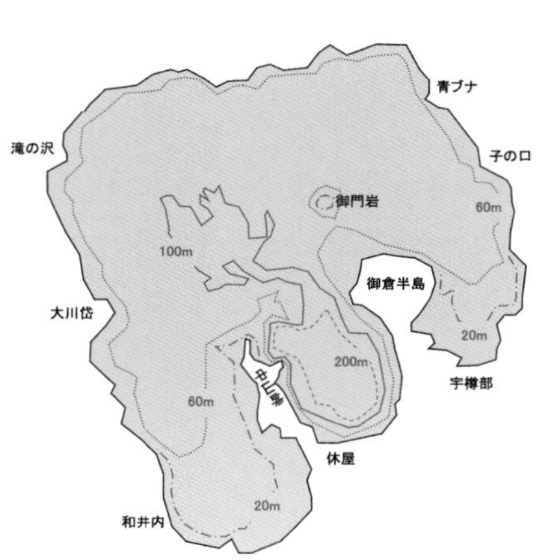

図9　十和田湖の概略

十和田湖はもともと魚の棲んでいない湖でしたが、1884～1945年の間に12種の魚の導入が試みられ[8)]、現在はヒメマス、ワカサギ、サクラマス、コイなどの漁獲や遊魚が行われています。

ワカサギは1980年代前半に移入されたようですが、経路は不明です。1983年に調査刺網により数十尾の採捕が確認され、その翌1984年以降、漁獲が始まりました。

ワカサギの主な漁獲時期は4～6月で、産卵のために湖岸に回遊してくる群れを「ふくべ網」（小川原湖の胴網と類似）と呼ばれる漁法で漁獲します。漁獲される主群は体長10cm前後と比較的大型で、少なくとも1歳以上と見られます。

2015年1月に地域団体登録商標を取得した「十和田湖ひめます」の資源動態とも密接に関連するので、ヒメマスにも少し触れます。1968年以降のワカサギとヒメマスの漁獲量の推移をみると（図10）、ワカサギ漁獲以前のヒメマス漁獲量は20～60トンと比較的高位安定していましたが、ワカサギ漁獲以降は両者とも大きく変動を繰り返してきました。これは、両者が餌料生物をめぐって競合したことなどが考えられます。

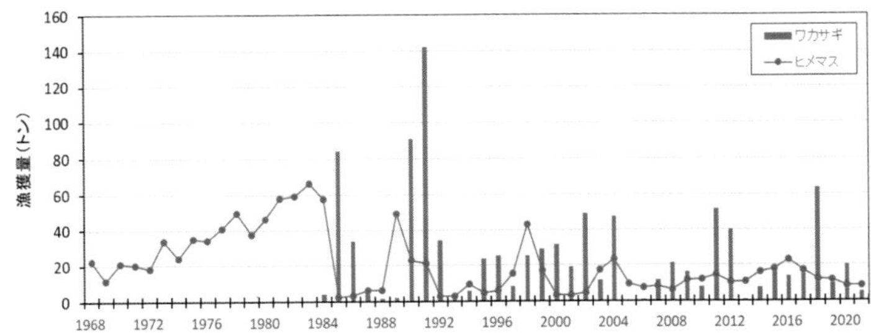

図10　十和田湖におけるワカサギ・ヒメマス漁獲量の推移
（出典：十和田湖増殖漁協　業務報告書）

ただ、近年は比較的変動も少なく、近年10年平均ではワカサギ19トン、ヒメマス13トン程度で推移しています。これは2009年以降、ヒメマス稚魚の安定放流（毎年70万尾）が好影響（餌料バランスの安定化に寄与など）の可能性も考えられます。そこで、十和田湖に出現する餌料生物の変化と食性傾向について模式的に整理してみました（図11）。なお、十和田湖の資源生態調査は、秋田県と青森県が共同調査を行い、プランクトン調査は秋田県が担当しています。

ワカサギ漁獲以前は、ヤマヒゲナガケンミジンコなど大型の動物プランクトンの出現が多い傾向にありましたが、ワカサギ漁獲以降は小型の動物プランクトンの出現が多い傾向に変化しています。特に、ヒメマス稚魚期とワカ

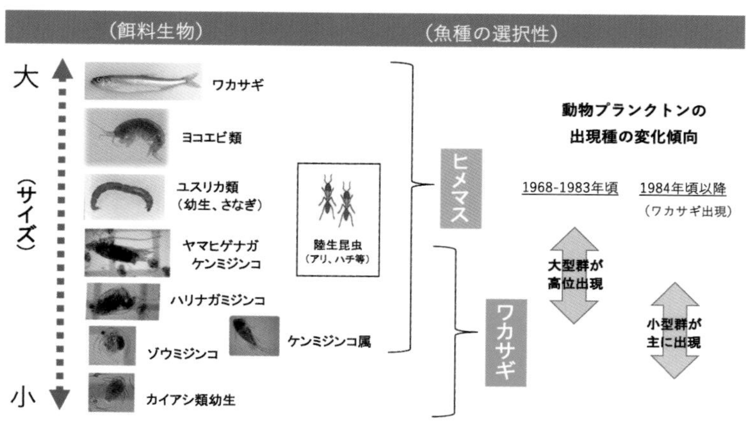

図11　十和田湖に出現する餌料生物の変化とワカサギ・ヒメマスの食性傾向

サギの餌料生物の競合が考えられますが、一方でヒメマス漁獲個体（体重100ｇ以上）の胃内容物調査ではワカサギの捕食がみられるなど、餌料生物としての側面もあります。当初は、ヒメマスと餌料競合するとの考えから害魚として駆除目的に漁獲されてきましたが、近年では産業的にも重要な魚種となっており、十和田湖の環境収容力の範囲内で共存共栄ができればベターのように思われます。

また最近、全国的なワカサギ資源の減少を背景に、十和田湖増殖漁協には主に遊魚用の活魚出荷などの要望が寄せられ、他県（岩手県、山形県、宮城県など）へ出荷しています（写真9）。

写真9　ワカサギ活魚出荷の様子（活魚水槽に積込み）

秋田県のワカサギ

男鹿市の玄関口でナマハゲ像がお出迎え

男鹿市のナマハゲは、昭和53年「男鹿のナマハゲ」として重要無形民俗文化財に指定されました。、平成30（2018）年11月29日、男鹿のナマハゲなど8県10行事は「来訪神：仮面・仮装の神々」として国連教育科学文化機関（ユネスコ）の無形文化遺産に登録されました。ワカサギ釣りと一緒に豊かな文化にも触れることができます。

高田芳博

2020年のワカサギの漁獲量を見ると、秋田県は207トンで青森県、北海道に次いで全国3位となっており[9]、そのほとんどが八郎湖（はちろうこ）で漁獲されています。ここでは、八郎湖のワカサギについて述べます。

八郎湖について

八郎湖は、男鹿（おが）半島の東方に位置する淡水湖です。かつては我が国第2位の面積を誇った汽水湖でしたが、1957年に始まった干拓事業によって大部分が陸地化されました[10]。八郎湖は、現在残存している水域の総称です（図12）。

漁獲される魚はワカサギが圧倒的に多く、全体の90%以上を占めています。次に多いのがシラウオで、コイ、フナ類がこれに続いています（図13）。この他にもハゼ類、スズキ、ボラ類、エビ類などが漁獲されています。

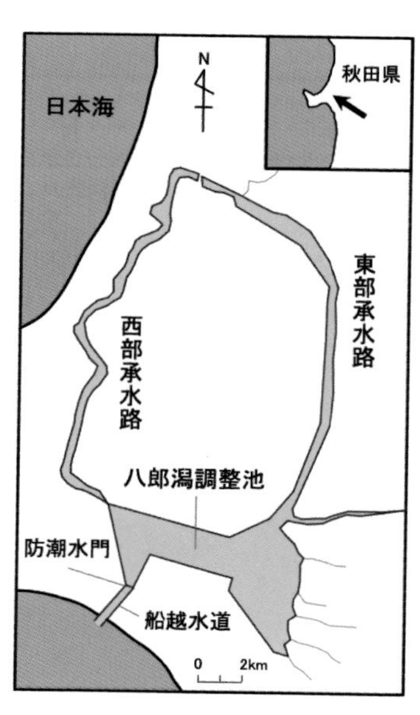

図12　八郎湖の全体図

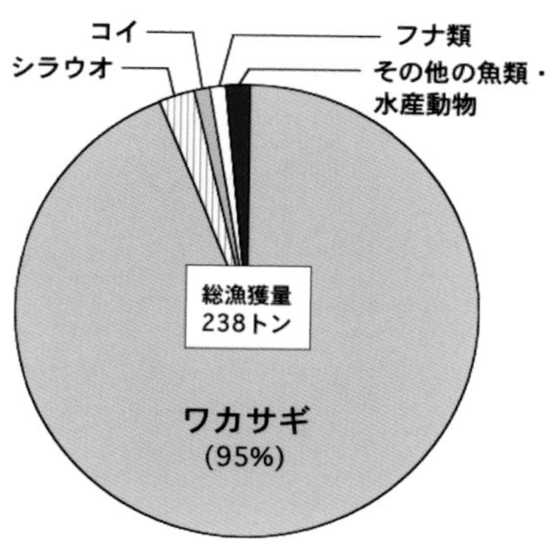

図13　2021年の八郎湖における魚種別漁獲割合（2021年度八郎湖増殖漁業協同組合漁獲成績報告書より作成）

ワカサギの漁獲量

八郎湖のワカサギの漁獲量は、干拓事業が始まった1957年に最高の4,840トン[11]を記録しました（図14）。これは、現在の秋田県における海面の年間総漁獲量（2019年：5,818トン[12]）の83％に相当します。

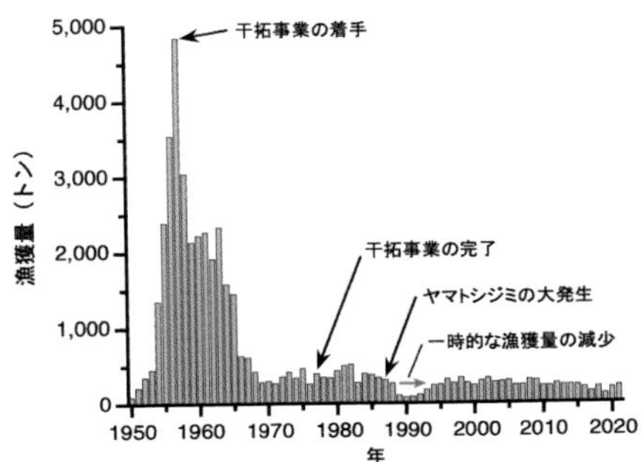

図14　八郎湖におけるワカサギの漁獲量
（東北農政局秋田統計情報事務所調べ（1950～2002年）及び各年度八郎湖増殖漁業協同組合漁獲成績報告書（2003～2021年）より作成）

1977年に干拓事業が完了すると、ワカサギの漁獲量はおおむね300～500トンで推移していましたが、1989年から数年間は漁獲量が一時的に減少しています（図14）。八郎湖では、1987年に一時的に海水が流入したため、大発生したシジミが1989年から数年間にわたり千トン単位で漁獲されるようになりました。漁業者の多くがシジミ漁に向かったために、この期間中はワカサギの漁獲量が一時的に減少してしまったのだろうと考えられます。シジミの大発生は1年だけであったため、シジミ漁は年々衰退し、換わってワカサギ漁が復活していきます。

ワカサギ漁業

八郎湖でワカサギを漁獲する漁業は、主に「しらうお機船船びき網」と「わかさぎ建網」の2つです（図15）。

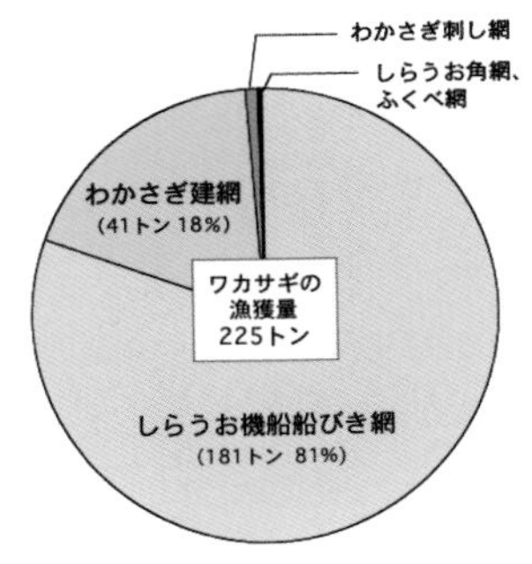

図15　2021年の八郎湖におけるワカサギの漁業種類別漁獲割合
（2021年度八郎湖増殖漁業協同組合漁獲成績報告書より作成）

しらうお機船船びき網は、2隻の船がペアとなって動力を用いて網を曳く漁業です（図16、写真10）。シラウオを漁獲する漁業でもあるため、実際にはワカ

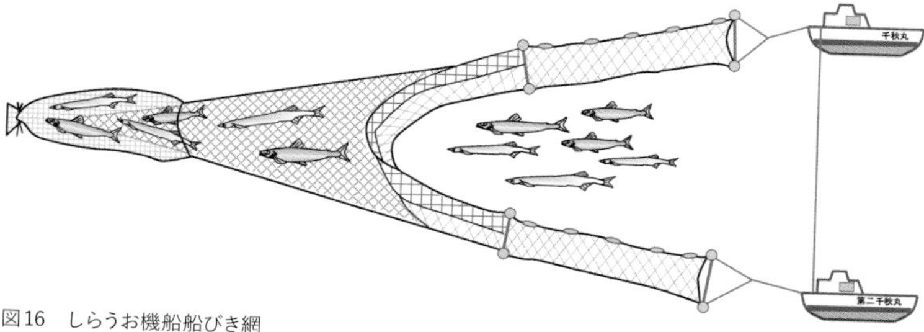

図16　しらうお機船船びき網
（秋田県農政部水産課，秋田県の漁具漁法[13]を一部改変して作図）

写真10　しらうお機船船びき網漁業に従事する漁業者

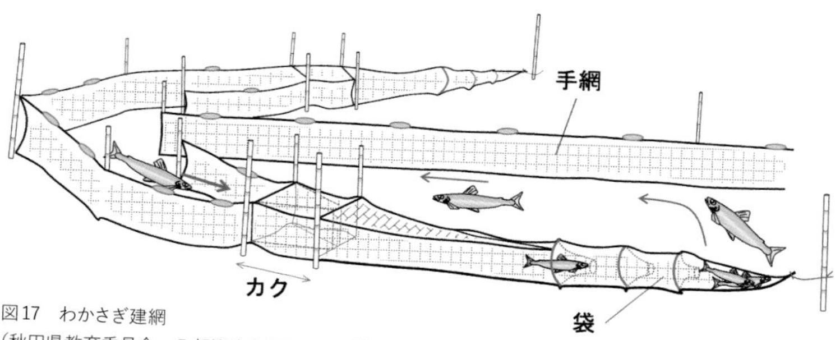

図17　わかさぎ建網
（秋田県教育委員会、八郎潟漁ろう用具図譜[14]を一部改変して作図）

サギとともに多くのシラウオが漁獲されます。地元では、この漁業を「どっぴぎ」と呼んでいます。語源は「動力曳き」からきていますが、秋田弁で発音が「どっぴぎ」となまります。

「わかさぎ建網」は、特定の場所に網を固定しておく漁業です。手網によって魚が誘導され、袋の部分に魚が集まる仕組みとなっています（図17)。また、「カク」と呼ばれる部分は魚の獲れ具合に直接影響するため、その作りや設置方法には漁業者によるこだわりが見られます[15)]。

ワカサギの産卵場

湖沼に生息するワカサギは、流入河川の下流域や河口域で産卵することが知られています[16、17)]。そこで、八郎湖のワカサギの産卵場所を明らかにするため、2014年に6つの流入河川で産卵状況を調べました。その結果、調べた全ての河川の下流域、あるいは河口域でワカサギが産卵していたことがわかりました（図18)。最も多くの卵が確認されたのは馬場目川（八郎

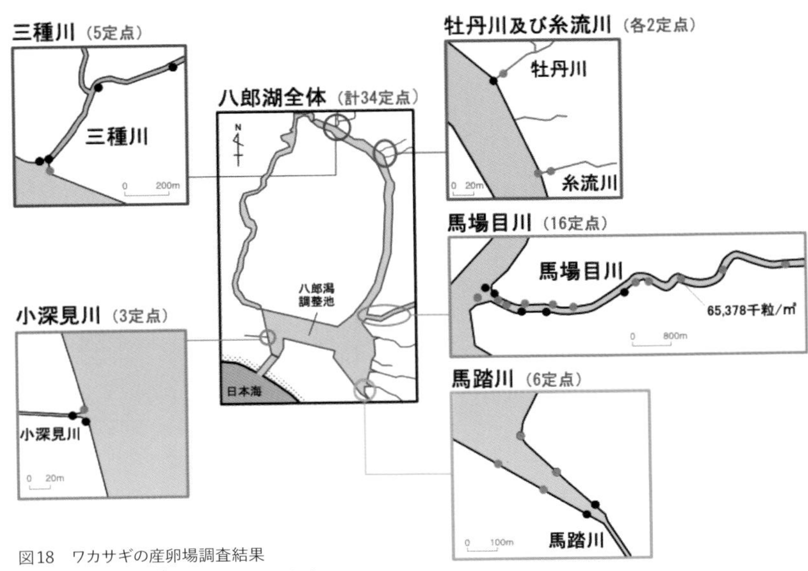

図18　ワカサギの産卵場調査結果
（高田・山田、2016[18)]）を一部改変して作成
図中の丸印は調査定点、ワカサギの卵が確認された定点を●で示した

湖に流入する最も大きな河川）で、65,378粒/m^2という高い密度でワカサギの卵が確認されました。さらに、卵が河口から6km以上にわたり広範囲に見られたことからも、八郎湖では馬場目川がワカサギの産卵場として非常に重要であると考えられました[18]。

ワカサギの佃煮

八郎湖では、昔からワカサギの加工品として佃煮が有名です。干拓事業着工前の1953年には、湖岸一円に45件の佃煮加工業者がいたそうです[15]。現在も、インターネットで「佃煮　八郎湖」と検索すると10軒余りのお店が確認でき、オンラインで購入可能なお店もあります。佃煮屋さんによってそれぞれの味わいがありますので、食べ比べをしてみてはいかがでしょうか？

写真11　男鹿市の寒風山山頂部から見た八郎湖
（車でアクセス可能，写真中央に見えるのは八郎潟調整池）

茨城県のワカサギ

水戸駅北口にある水戸黄門こと水戸光圀公と助さん、格さん像

茨城県は農作物、水産物ともに豊かな県で、梅の時期になると名所である偕楽園に多くの人が訪れます。

高濱優太

茨城県のワカサギ産地

茨城県のワカサギの生息地は、霞ヶ浦や北浦（以下、２つの湖沼を合わせて「霞ヶ浦・北浦」という。）、涸沼などの湖沼や利根川や那珂川などの河川、水沼ダム（北茨城市）などのダム湖などです。茨城県でのワカサギの利用は漁業が最も多く、主な産地は霞ヶ浦・北浦です。茨城県産として出荷されるワカサギの９割以上は霞ヶ浦・北浦産が占めます。

霞ヶ浦・北浦は茨城県南部に位置し、南端が常陸利根川（北利根川、常陸川）を経て利根川と繋がっています（図19）。湖の総面積は220km^2（霞ヶ浦172km^2、北浦36km^2、常陸利根川12km^2）で、日本で2番目に大きな湖です。霞ヶ浦・北浦は水深が極めて浅い湖で、平均で４m、最大でも10mしかありません。これは霞ヶ浦・北浦が海跡湖であることに起因しています。そのため、かつては利根川を逆流してくる海水の影響を受ける汽水湖でしたが、1974年（昭和49年）に常陸川水門が閉鎖されたことで淡水化が進み、現在では淡水湖となっています。淡水化にともない、マハゼなどの汽水魚やウナギなどの降河回遊魚などが減少した一方で、ワカサギやシラウオなどの一部の魚は、現在の環境においてもなお生息しています[19)]。

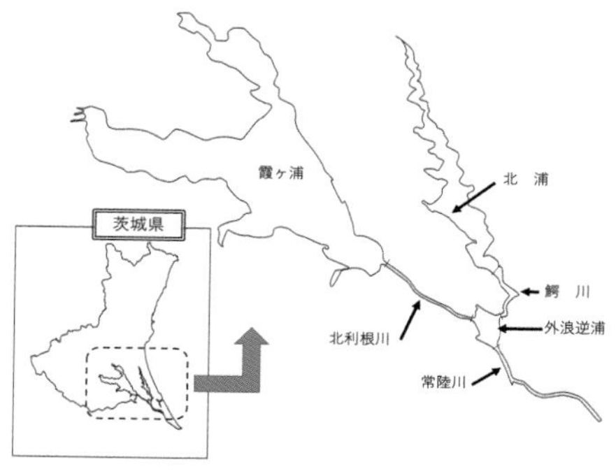

図19　茨城県全域および霞ヶ浦・北浦の地図

霞ヶ浦・北浦のワカサギの生態

霞ヶ浦・北浦のワカサギは、基本的に１年で生涯を終える年魚ですが、まれに2才魚も見られ、このあたりの地域では１年を超えたワカサギは「フッコ」と呼ばれています（写真12）。これらの湖に生息するワカサギの生態については以下のとおりです[20]。

産卵期　：1月中旬～3月中旬（産卵の盛期は2月）
産卵場所：水深1m前後の湖岸に近い浅所や流入河川の砂底や砂礫底
産卵数　：1個体あたり2,000～20,000粒
仔魚期　：3月～4月、ワムシやカイアシ類の幼生等の動物プランクトンを食べて成長する。
成長期　：5月に体長約3cm、7月初旬に体長約6cm、12月に体長約10cmまで成長する。5月以降のワカサギはイサザアミや動物プランクトンを食べており、8月以降はそれらに加えてハゼ科魚類仔魚やユスリカのサナギなども食べるようになる。

写真12　8月上旬の当才魚（下）と1才魚であるフッコ（上）

霞ヶ浦・北浦のワカサギ漁

霞ヶ浦・北浦では様々な漁業が行われていますが、ワカサギは主に「わかさぎ・しらうおひき網漁業（通称：トロール漁業）」や「張網漁業（小型の定置網漁業）」という漁法で漁獲されています。

トロール漁業は、動力漁船でゆっくり走行しながら底びき網をひく漁法で、漁期の間は湖岸の堤防上から早朝に操業する漁の様子を見ることができます。また、霞ヶ浦・北浦の湖岸には合計163もの漁港や船溜（ふなだまり）があり（霞ヶ

浦：91カ所、北浦：72カ所21))、これらの船溜では、係留中の漁船を見ることもできます。他県のワカサギの主要産地では主に秋にワカサギ漁が解禁となるのに対し、霞ヶ浦・北浦では全国に先駆けて7月21日から漁が始まり、12月31日の漁期の終わりまで、夜明け前から朝にかけて漁をします。7月21日のトロール漁業の解禁日には、霞ヶ浦で約119隻、北浦で約17隻の船が出港します（令和4年7月21日の実績、茨城県霞ヶ浦北浦水産事務所調べ）。1隻の船に乗る漁師さんは1～3人ですが、1人だけで操業していることも多く、1日に1隻の船で十数kgから多いときで百数十kg以上のワカサギが水揚げされます（写真13、図20）。

写真13　出漁するトロール船
（出典：いばらきの地魚取扱店認証委員会提供）

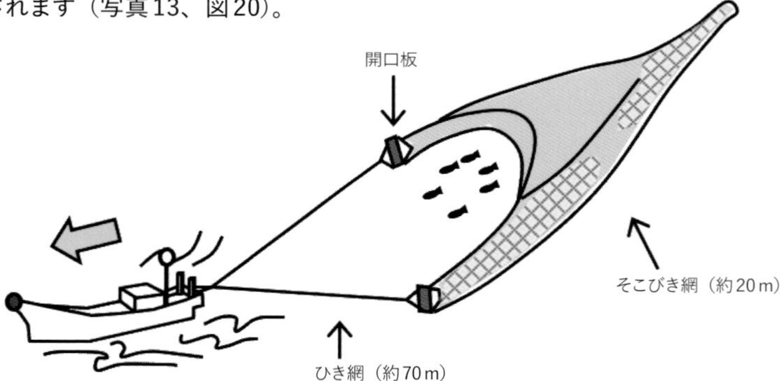

図20　わかさぎ・しらうおひき網漁業（通称：トロール漁業）模式図

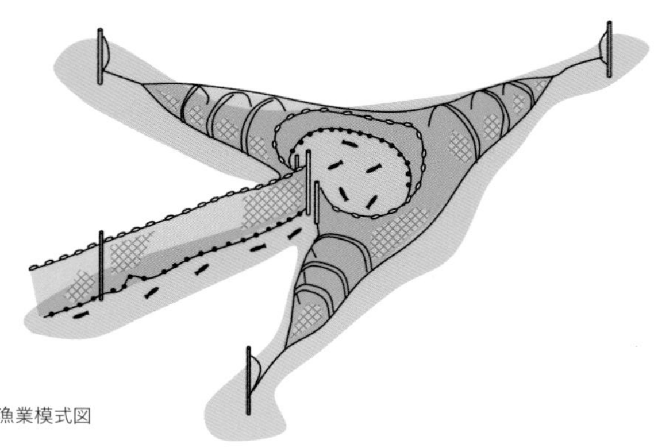

図21　張網漁業模式図

張網（はりあみ）漁業は湖岸に定置網を設置する漁法で、湖岸に沿って泳いできたワカサギを垣網（かきあみ）（垣根のように長く張った網）によって沖合の袋網に誘導して獲る漁法です。湖岸から沖に向かって設置された網を堤防から見ることができます（図21）。

霞ヶ浦・北浦のワカサギ漁の変遷

茨城農林水産統計年報および農林水産省の漁業・養殖業生産統計年報により、霞ヶ浦・北浦のワカサギ年間漁獲量を1954年から見てみると、1965年には史上最高の2,595トンもの漁獲量がありました（図22）。この年代は、明治時代から操業されていた自然の風を利用した帆びき網漁業（写真14）から、主要な漁業として現在も操業されている

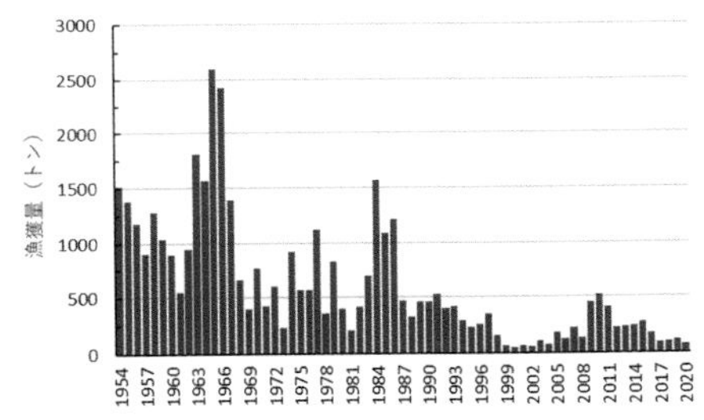

図22　霞ヶ浦・北浦のワカサギ漁獲量推移、茨城農林水産統計年報および農林水産省の漁業・養殖業生産統計年報

写真14　北浦の帆びき網漁業（根本隆夫氏撮影、1982年（昭和57年））

漁船の動力を用いて網をひくトロール漁業へと漁法の転換が進んだ時期です。1968年にはトロール漁業が制度化され、1985年には、北浦に残っていた帆びき網漁業が全域でトロール漁業に転換しました。主要な漁法が気象や操船技術に左右される帆びき網漁業から、効率的に漁獲できるトロール漁業への転換が進んだことで、ワカサギの獲りすぎがおこりワカサギの資源量が減少したことや、同時期に湖の富栄養化が進行したことなどが1967年からワカサギの漁獲量が減少していった理由だと考えられています[22)]。霞ヶ浦・北浦のワカサギの漁獲量は、減少傾向を示しながらも1984年頃や2010年頃のように資源が回復する時期も見られましたが、現在は減少傾向にあり、2020年は73トンで100トンを下回っています。地元の漁師さん達の間では、変動するワカサギ資源を大切に守りながら持続的に利用していくため、1日の操業時間を話合いで決め獲りすぎを防ぐなど、ワカサギ資源を守る取り組みが行われています。

霞ヶ浦・北浦でのワカサギの食文化

漁師さんが獲ったワカサギは、地元の売り場にも並びます。売り場には定

写真15　ワカサギ煮干し
（出典：いばらきの地魚取扱店認証委員会提供）

番の佃煮だけでなく、鮮魚や煮干しなども並びます。ワカサギの煮干しはこの地域でよく食べられていて、少し柔らかなこの煮干しは、出汁をとるためでなく、「食べる煮干し」としてそのまま食べるのが地元流の食べ方です（写真15）。煮干しになるワカサギは、7月から9月頃にかけて漁獲されたものが多く、昔は夏場のカルシウムや塩分補給にも役立っていたようです。霞ヶ浦・北浦のワカサギ漁が他の産地よりも解禁が早いのは、ワカサギの成長が早いことが要因の一つであると言われており、短期間で育った夏場のワカサギは骨が柔らかく丸ごと食べられる煮干しに向いています。また、1年の間で冬よりも夏の方が脂ののりがよいため、食用油の入手が難しかった時代には、漁師さんがワカサギを茹でて煮干しを作る際に、浮いた油を集めて農家さんの育てた野菜と物々交換していたそうです。冬のワカサギは、体長約10cmまで大きく成長するため、食べ応えも抜群に良くなるので、天ぷらやフライなどの定番の食べ方はもちろん、焼きワカサギにして食べてみるのも味わい深いことでしょう（写真16）。ちなみに、江戸時代に麻生藩（現在の行方（なめがた）市）から将軍家に焼きワカサギを献上したところ大変喜ばれ、将軍家御用達の魚、御公儀の魚ということで「公魚」と書くようになったと言われています。

写真16　焼きワカサギ
（出典：茨城県霞ヶ浦北浦水産事務所提供）

霞ヶ浦・北浦のワカサギレジャー

ワカサギといえば凍った湖での穴釣りが代名詞となっていますが、霞ヶ浦・北浦では湖面が凍結することがほとんどないため、実は穴釣りが全くされていません。小魚釣りの要領で、湖岸から仕掛けの付いた釣り糸を垂らす陸釣りが主流です。釣りのシーズンは秋から冬（1月21日から2月末日および5月1日から7月20日まではワカサギの禁漁期間）で、少し冷たい風が吹く中、湖岸に釣り人が並ぶ光景が見られます。霞ヶ浦・北浦は漁業の法律上、海と同じ海区とされているため、漁業の制度上では「海」として扱われています。そのため、湖岸からワカサギ釣りをする場合にも遊漁券がいらず手軽に楽しめます。また、同時期の他の地域よりもワカサギが大きく、1匹1匹の釣りごたえ、食べ応えも充分であることも魅力といえるでしょう。

観光として有名なものには「観光帆びき」があります。現在、ワカサギを獲るための底びき網はトロール漁業のみになっていますが、帆びき網漁業は観光船として今も操業されています。湖上で帆を広げた帆びき船は、随伴船（ずいはん）に乗り見学や写真撮影をすることができ、風を受けて大きくふくらんだ真っ白な帆と、空と湖面の青色とのコントラストが美しく、まさに絶景といえるでしょう。また、2018年には「霞ヶ浦の帆引網漁の技術」が国選択無形民俗文化財に選定されています[23)]。

将来へ向けた取り組み

前記のとおり、現在の霞ヶ浦・北浦ではワカサギの漁獲量が減少傾向にありますが、漁師さん達は大切なワカサギ資源を持続的に利用するため様々な取り組みを行っています。その一つがワカサギの人工ふ化放流事業です。毎年12月から2月にかけての産卵時期には、親となるワカサギを張網漁業で採捕し、一匹ずつ卵と精子を手で搾り出し、それらを混ぜ合わせて受精させ、シュロ枠（植物性の繊維）に塗り付けて流れの穏やかな船溜に垂らしてふ化を待ちます。

現在は手で搾り出す方法のほかに、親のワカサギを水槽内に収容して産卵させる「水槽内自然産卵法」という新しい手法が霞ヶ浦で導入されるなど、より効率的にワカサギ資源の増加に繋げようとする取り組みが行われています。

茨城県のワカサギ人工採卵の歴史は長く、全国のワカサギ産地へのワカサギ卵の移植に貢献しています。「茨城縣公魚養殖誌」によると、1909年（明治42年）に涸沼のワカサギで人工採卵を行い、福島県の松川浦に移植したという記録があります。その後、1950年（昭和25年）から1955年（昭和30年）にかけては、霞ヶ浦や涸沼から日本全国21の県の40水域（河口湖、諏訪湖、野尻湖、芦ノ湖、松原湖など）に移植されたことが記録されています[24]。一方で、1968年（昭和44年）から1985年（昭和60年）にかけては、ワカサギの増殖の目的で卵が諏訪湖から霞ヶ浦や北浦に送られており、先祖の故郷に帰ってきたワカサギたちもいたのかもしれません[25]。

群馬県のワカサギ

赤城大沼の氷上ワカサギ釣り

群馬県にはワカサギ釣りが出来る釣り場が20か所以上ありますが、赤城大沼は氷上ワカサギ釣りが楽しめます。つったワカサギは湖畔のお店で調理もしてくれるので、釣りたての味も楽しむことが出来ます。

鈴木紘子

群馬県内の漁業協同組合（以後、「漁協」と表記）が発行するワカサギの遊漁承認証の延べ発行枚数は、2018年漁業センサス[26]によると、年間券が8,390枚で、3位埼玉県の3,640枚との差を大きく開けて北海道の8,832枚に次ぐ2位です。また、1日券が40,566枚で4位と、前回の漁業センサス調査時（2013年は1日券25,577枚）[27]の7位から3ランク上がり、発行枚数は59%増加しました。ワカサギの1日遊漁承認証の延べ発行枚数が全国的に9%減少していることを考慮すると（3章参照）、群馬県ではワカサギ釣り人数の伸び率が非常に高いことがわかります。

群馬県にはおよそ20箇所のワカサギ釣り場が存在し、これらの釣り場を類型化すると（第3章図1参照）、4つの類型の釣り場（山上湖、平地湖沼、多目的貯水湖、灌漑用溜め池）が存在します（図23、図24）[28]。各々の釣り場によって様々な特色があり、趣の異なったワカサギ釣りを楽しめることが、群馬県でワカサギ釣りが盛んな理由の1つです。また、群馬県は都心から近い

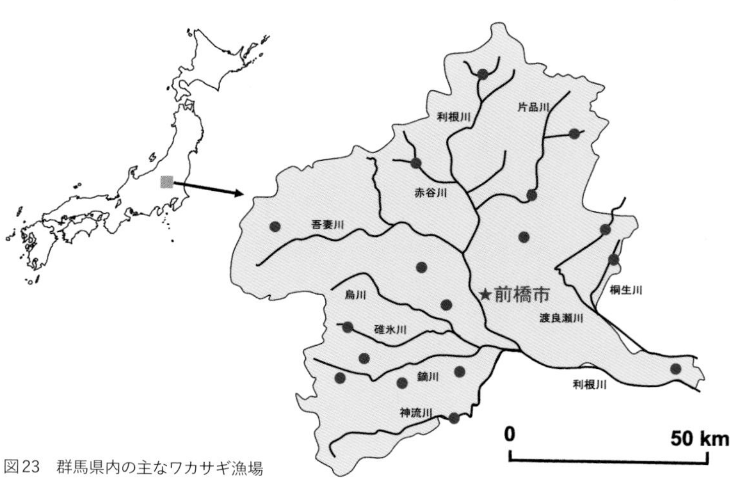

図23　群馬県内の主なワカサギ漁場

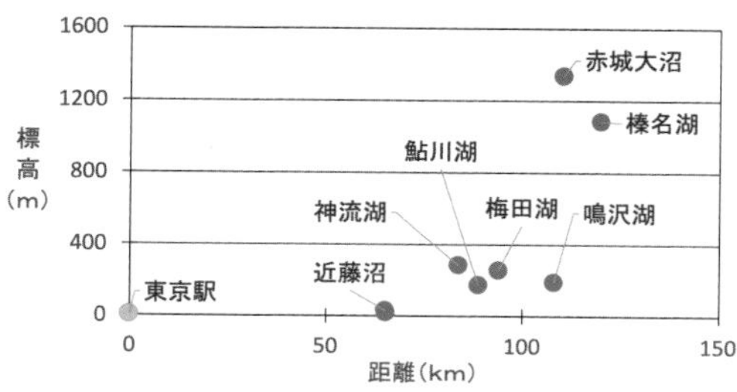

図24　群馬県内の主なワカサギ釣り場の標高

ため、日帰りでの釣りが可能なことや、ワカサギ釣りを目的としたバスツアーなども開催されており、気軽に釣りを行いやすい環境にあることも理由の1つと考えられます。そこで、ここでは群馬県の多様な釣り場の中で、全国的に有名で氷上釣りを楽しめる赤城大沼（前橋市）と、だれでも気軽に釣りを楽しむことのできる鳴沢湖（高崎市）を紹介します。

赤城大沼は、標高1,345メートルに存在する火口原湖です（3章では山上湖に類型）（写真17、写真18）。ワカサギ釣りは9月1日に解禁され、毎

写真17　赤城大沼

写真18　赤城大沼の氷上釣り

年、9月から11月まではボート釣りを、翌年1月から3月下旬までは氷上釣りを楽しむことができます。赤城大沼を管理する赤城大沼漁協は、毎年、他県からワカサギ卵を購入して仔魚のふ化、放流を行っています。組合員によるSNSなどを用いた広報も積極的に行っており、ワカサギ釣況や気象状況、現地までの路面状況など、多くの情報を提供しています。また、前橋市との合同によるイベント開催にも力を入れており、毎年2月の「赤城山雪祭り」において氷上ワカサギ釣り体験会を開催しています。

一方、地球温暖化などの環境変化により、課題も出てきています。群馬県では、赤城大沼以外でも、榛名湖（はるなこ）（高崎市）とバラギ湖（吾妻郡嬬恋村（あがつまぐんつまごいむら））で氷上ワカサギ釣りを楽しむことができます。しかし、3章にも記載されておりますが、暖冬のため氷厚が氷上釣りを安全に実施する基準を満たさず、氷上釣りの解禁を見送る釣り場が出てきています。過去10年（2013年から2022年）における氷上ワカサギ釣りの状況を確認すると、榛名湖では2018年の1度しか解禁できず、赤城大沼とバラキ湖では解禁日が遅くなっています。氷上釣りでは、通常、湖全体の氷厚が十分釣りを楽しめる厚さになってから解禁を行います。しかし、近年は氷上釣りが少しでも長く楽しめるように、安全に釣りが行える範囲だけ解禁する部分解禁を行うようになりました。漁協は今後、氷上釣りができなくなる可能性を考慮して、ドーム船やドーム桟橋の導入を検討する必要があるでしょう。

鳴沢湖は、高崎市が管理している農業用の人造湖です（3章では灌漑用溜め池に類型）。ワカサギ釣りは例年10月1日から翌年2月末日まで行われ、市街地から近く、竿の無料貸し出しがあり、手ぶらで訪れても桟橋ですぐに釣りができます（写真19）。また、例年、群馬県民の日（10月28日）に遊漁料無料とするイベントを行っていることから、ワカサギ釣りの入門としてよい機会ではないかと思います。さらに、鳴沢湖は、2018年、一般社団法人日本釣用品工業会が実施する「つり環境ビジョンコンセプトに基づくLOVE BLUE事業」の支援を受け、現地で卵を確保するために必要なワカサギふ化施設を設置しました（写真20）。現在、地場産ワカサギ卵の確保に、鋭意取り組んでいます。

また、ワカサギ釣り場にも新型コロナウイルス感染症の発生により変化が

写真19　鳴沢湖

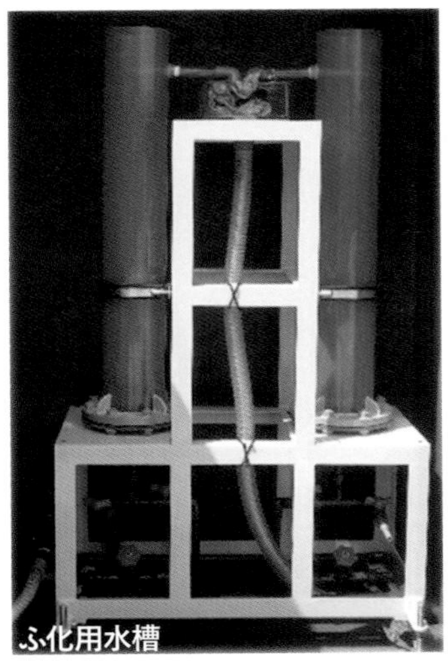

写真20　ワカサギふ化施設

起きています。ワカサギ釣り場を管理する漁協などの情報によると、感染症の発生初期において釣り人数は減少しましたが、その後、釣り人数は回復・増加傾向にあるそうです。例えば鳴沢湖では、感染症発生前の2016年度

（解禁期間が10月から翌年の2月末までなので「年度」と表記）から2018年度の3箇年の年間釣り人数の平均は5,469人でした。感染症が発生した2019年度は5,306人となり、若干の減少が見られました。一方、感染症が全国的に拡大していた2020年度と2021年度の平均年間ワカサギ釣り人数は6,659人であり、感染症発症前と比べて22%増加しました（図25）。これは、釣りに代表される遊漁が、屋外で適度に人と距離を取りながら楽しめるアウトドアスポーツであり、新たな生活様式に対応したレジャーであるためと考えられます。そこで、県内の漁協では、遊漁者がより安心して楽しめるように、感染防止対策の一環として電子遊漁券の導入を始めています。このことは、釣り場の利便性向上につながり、釣り人のさらなる増加に寄与するものと期待されています。

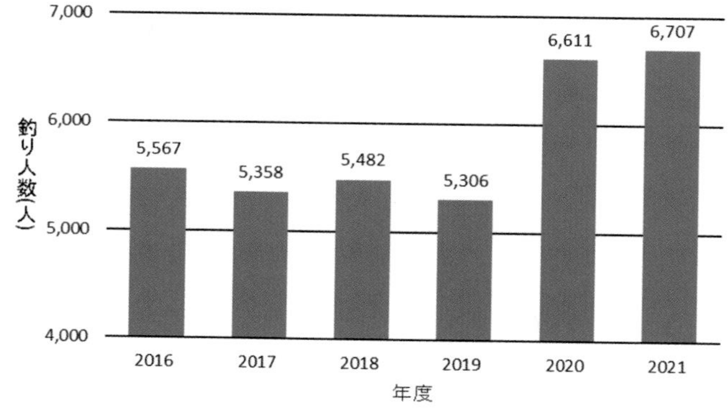

図25　鳴沢湖におけるワカサギの釣り人数

さて、今回は赤城大沼と鳴沢湖の2箇所の釣り場を紹介しましたが、群馬県にはこれ以外にも特色あふれる釣り場が数多く存在します。皆さん1人1人に合ったお気に入りの釣り場がありますので、釣り場候補として検討してはいかがでしょうか。

神奈川県のワカサギ

箱根へ向かう小田急ロマンスカー（写真提供：片山秀和）

東京から箱根へ、はやる思いを乗せて走る小田急ロマンスカー。釣りをはじめとした余暇を楽しむ人たちを載せて毎日駆け抜けています。

本多 聡

神奈川県におけるワカサギについて

皆さん、神奈川県でワカサギを釣ったり、料理をしたりして楽しむことはあるでしょうか。都心からのアクセスが良く、釣ったワカサギを自分の手で調理して味わえることから、人気の魚です。インターネットで「神奈川　ワカサギ」と検索すると、すぐに釣り場がヒットしますが、神奈川県でワカサギ釣りが楽しめるのは、芦ノ湖（あしのこ）、相模湖（さがみこ）、津久井湖および丹沢湖の４か所です。

神奈川県では、1918年に霞ヶ浦から100万粒の卵が芦ノ湖に移植されたことが始まりで[29]、その後も芦ノ湖では卵放流が継続的に行われました。現在では、芦之湖漁業協同組合がワカサギ受精卵を自家生産し、県内外の湖へも供給が行われ、ワカサギ資源の安定化に貢献しています。

芦ノ湖におけるワカサギについて

写真21　芦ノ湖

芦ノ湖（写真２１）は標高724m、面積6.9km²、最大水深40.6mのカルデラ湖であり、約3100年前に起こった神山の水蒸気爆発で生じた山崩れにより、土砂が早川を堰き止めてできた湖です[30]。現在は、ワカサギ釣りを8月頃から12月上旬まで楽しむことができ、毎年10月1日には刺し網漁が解禁となり、初漁のワカサギは箱根神社から宮中に献上されます。また、刺し網漁の漁獲量は年間約3,000kgとされ、芦ノ湖のワカサギは動物プランクトンと湧き水が豊富なことから、味が良いと大変評判です。

一方で、サクラマスやヒメマス、ニジマス、ブラックバスの釣りが盛んで、これらは漁協による放流事業により支えられています。

ではなぜ、マス類やブラックバスといった小魚を餌とする大型魚の釣りを楽しめるようになったかと言うと、餌となるワカサギが安定的に放流されたためと言えます[31,32]。ワカサギは釣りや食用として利用されるだけでなく、大型魚の餌としても貢献する縁の下の力持ちと言えます。今後はワカサギ・魚食性魚類・プランクトンなど生態系のバランスを解明することで、ワカサギ資源の安定的な利用が進むことが望まれます。

芦之湖漁業協同組合における ワカサギの採卵について

これまで、ワカサギの採卵および孵化管理は、ワカサギ親魚の腹部を人の手で絞り、得られた受精卵をシュロ枠に付着させ、湖面やプールに収容する方法が取られていましたが、この方法は時間と労力がかかります。芦之湖漁協では1992年から東海大学と共同で新たな孵化方法の開発を行い、「筒型孵化装置」の開発に成功しました。さらに、並行して親魚を絞らずに水槽内で自然に産卵させ受精も完了する「水槽内自然産卵法」を確立し、2001年からこれらを組み合わせた新たな方法で効率的な採卵を行なった結果、漁獲量と採卵数が高水準で安定しています[33]（写真22 ～ 24)。

写真22　水槽内自然産卵の水槽装置

写真23　選別中のワカサギ親魚

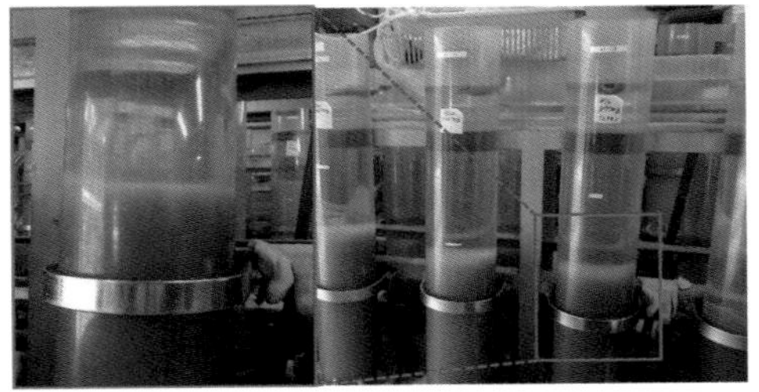

写真24　孵化筒による受精卵の管理

芦ノ湖におけるワカサギの自然産卵について

放流が盛んに行われているワカサギですが、再生産できているのでしょうか。当場では芦ノ湖をフィールドに自然産卵の調査を行っていますが、毎年3月になると産卵のために群れを成して流入河川へ遡上したり、湖岸に近づいたりするワカサギが確認できます（写真25）。本来、ワカサギは産卵のために川へ遡上しますが、芦ノ湖には流入河川がほとんどありません。そのため、湖岸のごく浅い波打ち際で産卵が行われ、一面に産卵が確認されている流入河川に対し、湖岸ではパッチ状に産卵することがわかってきました（写真26）。

写真25　河川を遡上するワカサギの群れ

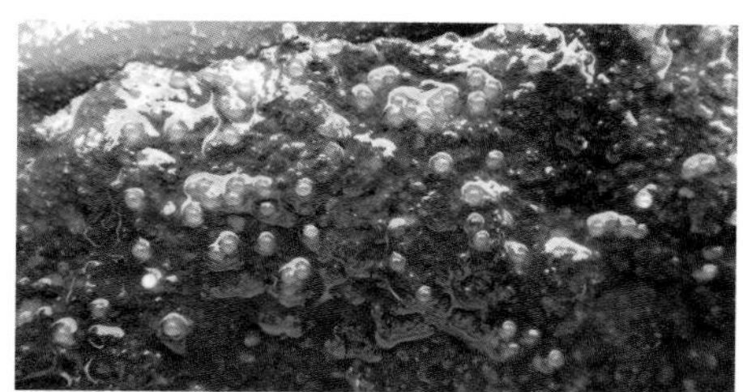
写真26　湖岸の石に産み付けられた卵

湖岸においては、水深数cm～10cm程度の砂利やこぶし大の石に卵が産みつけられており、底質が砂や泥の場所では卵はあまり見つかりません。また、水の動きが少ない場所では卵が産みつけられていても死亡していることが多く、水の通りが良い場所が卵の発生には適しているようです。しかし、水通りの良い湖岸において、一見同じ底質や水深でも、数メートル離れるだけで産着卵の数が変わるので、親魚が産卵場の条件として、何を選んでいるのかは、未だ明らかになっていません。

また、流入河川がある場合、河口のすぐ横の湖岸にはほとんど産卵しないことも明らかになりました。やはり、ワカサギは本来産むべき河川を求めているようです。

今後も芦ノ湖のワカサギ資源が持続的に利用されるよう、調査研究を進めます。

山梨県のワカサギ

河口湖から見た富士山

富士五湖では雄大な富士山の絶景を間近に見ながらワカサギ釣りを楽しむことができるのも大きな魅力です。かつて冬の風物詩となっていた氷上での穴釣りは、温暖化に伴いドーム船での釣りに取って代わりましたが、暖房の効いた船内は冬でも快適で、釣具のレンタルもあるため初心者や家族連れにもおすすめです。

岡崎 巧

山梨県では、富士山の北麓に位置する富士五湖を中心にワカサギ釣りが盛んに行われています。富士五湖はいずれも富士山の溶岩流によってできた堰止め湖であり[34)]、湖が現在の形となったのは、800（延暦19）年と864（貞観6）年（いずれも平安時代）の溶岩流の流出によるものとされています[35)]。湖が形成された年代が新しいため固有種はおらず、生息する魚種の多くが移入種とされ[35)]、古くから水産利用を目的に様々な魚種が移植放流されてきました。ワカサギもその一つで、1917（大正6）年に東京帝国大学（現在の東京大学）の雨宮育作博士が茨城県の霞ヶ浦産のワカサギ卵を山中湖と河口湖に移植したのがはじまりとされています[36)]。以降、富士五湖のワカサギは漁業や釣りの対象として今日まで利用されてきました。現在、富士五湖のうちワカサギ釣りが盛んなのは、山中湖、河口湖、西湖（さいこ）、精進湖（しょうじこ）で、特に山中湖と河口湖ではドーム船で行う釣りが人気となっています（写真27）。いずれの湖も、近年の釣果は比較的安定していますが、河口湖では1985（昭和60）年以降、30年にわたり不漁が続いていました。ここでは、河口湖で長年続いたワカサギの不漁原因と復活に向けた取り組みについて紹介します。

写真27　山中湖のドーム船内の様子

船内には暖房が完備され、真冬でも快適に釣りを楽しむことができる。

河口湖では1917（大正6）年にワカサギが移植されて以来、地曳網漁（写真28）などにより盛んに漁獲されるとともに、冬季に氷上で行う穴釣りは季節の風物詩となっていました（写真29）。こうして利用されてきた河口湖のワカサギですが、1985（昭和60）年の秋以降、突然不漁に陥ってしまいます。

漁場を管理する河口湖漁業協同組合（以下「漁協」という）では、その後もワカサギの放流を続けましたが状況は一向に好転せず、その結果、釣り人からの遊漁料収入が激減し、放流の継続はおろか、漁協の存続すら危

写真28　河口湖の地曳網漁の様子（昭和30年代）
（写真提供：河口湖漁業協同組合）

1973（昭和48）年のピーク時には年間61トンの漁獲量があった。
出典：昭和48年漁業・養殖業生産統計年報（農林水産省統計情報部）

写真29　全面結氷した河口湖での穴釣り（昭和49年）
（写真提供：河口湖漁業協同組合）

ぶまれる状況になりました。そこで漁協では、当時生息数が増加していたオオクチバスの漁業権免許について山梨県知事へ陳情することとし、これを受けた山梨県は1989（平成元）年7月、漁協にオオクチバスの漁業権を免許しました[37]。その後、関係者の予想を超えたバス釣りブームが到来することにより、漁協の遊漁料収入は劇的に増加し[37]、以降しばらくの間、漁協による漁場の管理はオオクチバスを中心としたものとなりました。

その後、2005（平成17）年の外来生物法の施行など、外来種をめぐる社会情勢は大きく変化していくとともに、県も漁協に対し、オオクチバスに依存しない漁場管理を指導しました。このような背景のもと、漁協の中でワカサギ復活への機運がにわかに高まっていきました。漁協からの依頼を受けて山梨県水産技術センターが行った調査の結果、不漁の直接的な原因は、自然産卵がほとんどない河口湖において、放流時期に仔魚の餌となる小型の動物プランクトン（ワムシ類）が少なかったことにより、仔魚の生き残りが悪かったためと考えられました（このようなことを初期減耗と呼びます）。また、ワムシ類が少なかったことの原因として、ワムシ類と競争関係にある大型のミジンコ（ダフニア）が周年出現していたことよる影響が考えられました。なお、ダフニアはワカサギの良い餌となるため、ワカサギが数多く生息する湖にはあまり出現しませんが、大きさが1.5～2mmもあるため、ふ化後間もない仔魚（体長約5mm）はこれを食べることができません。このため、周年出現するダフニアがワカサギ不漁の間接的な原因となっており、河口湖では、図26に示すような悪循環に陥っていたものと考えられました[38]。

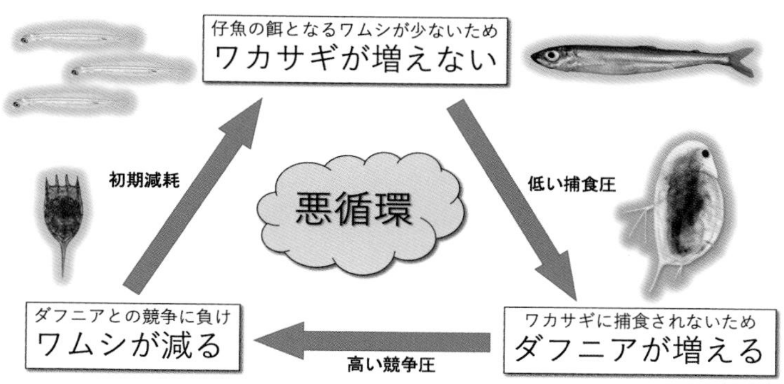

図26　ワカサギ不漁時の河口湖におけるワカサギ・ワムシ・ダフニアの関係

河口湖における当時のワカサギの放流方法は、主に北海道の網走産の卵を概ね4月上旬から5月上旬にかけて購入し、ふ化した仔魚を湖に放流するというもので、その時期はダフニアの数がピークに達し、仔魚の餌となるワムシ類が最も少なくなる時期と一致していました。そこで漁協では、2015（平成27）年春の放流時に、それまでの網走産のものに加え、採卵時期が1か月以上早い神奈川県の芦ノ湖産の卵を導入して放流したところ、その年の秋以降、一転して豊漁となりました。初期減耗がある程度回避されたことで、放流したワカサギの生き残りが多かったためと思われます。ワカサギの豊漁はそれ以降、現在に至るまで続いており、釣果も1,000尾はおろか4,000尾まで狙える釣り場となりました。河口湖のドーム船は2010（平成22）年に漁協が造った1艇のみでしたが、民間ボート業者の参入もあり、現在では10艇にまで増えています。また、漁協では捕獲したワカサギ親魚からの採卵事業を開始し、ふ化仔魚を河口湖へ放流しているほか、県内外の漁業協同組合へワカサギ卵を出荷するに至っています。そして、まだ量は少ないものの、定置網漁により漁獲されたワカサギが鮮魚や加工品として山梨県内のスーパーマーケットや飲食店、宿泊施設などへ流通しはじめるなど、河口湖のワカサギは、釣りのみならず漁業の対象としても利用されるようになっています（写真30）。

こうして1985（昭和60）年の秋に始まった河口湖のワカサギの不漁は、30年という長い年月を経て、ようやく終止符が打たれ、現在では全国に誇るワカサギ釣り場として復活を遂げることになりました。

写真30　河口湖の定置網漁の様子
（写真提供：河口湖漁業協同組合）

漁獲されたワカサギは採卵用親魚に用いられるほか鮮魚出荷もされている。

長野県のワカサギ

国宝　松本城

姫路城・彦根城・犬山城・松江城とともに国宝に指定されている松本城は，天守の築造年代は文禄2～3（1593～4）年と考えられ，現存する五重六階の天守としては日本最古の城です。

松澤 峻

長野県では季節の移ろいに合わせて桟橋釣り、岸釣り、ドーム船、氷上穴釣り、ボート釣りといった様々なワカサギ釣りが楽しめます。ここではそんな長野県のワカサギ釣り場の中でも全国的に知名度の高い諏訪湖（すわこ）、松原湖、木崎湖に加え、比較的最近からワカサギ釣りが楽しめるようになった美鈴湖を紹介します。

色鮮やかな紅葉が映える秋、この時期から県内各地でワカサギ釣りが順次始まります。9月下旬からは県内で最大の面積を誇る諏訪湖でのワカサギ釣りが始まります。諏訪湖では岸釣り、ドーム船が楽しめます。特にドーム船は、今や全国の様々な湖沼でみられるようになりましたが、諏訪湖はその発祥の地でもあります（写真31）。ドーム船はビニールハウスやプレハブ

写真31　諏訪湖のドーム船

小屋のような形をした船で、トイレ、暖房設備があり、暖かく快適な環境が整っています。そのため、寒いのが苦手な方でもそれを気にすることなく、気軽にワカサギ釣りを楽しむことができます。さらに、竿のレンタル、仕掛けやエサの販売に加えて、お弁当の注文を受け付けている船もあるため、手ぶらで来てワカサギ釣りを満喫できるのも特徴です。ドーム船釣りは諏訪湖以外にも木崎湖、野尻湖で楽しめます。

写真32　諏訪湖でのワカサギ投網漁

また、諏訪湖の周辺には温泉旅館などの宿泊施設が数多くあり、諏訪神社や蓼科（たてしな）といった観光地もあるので、ワカサギ釣りと一緒に観光も楽しめます。さらに、諏訪湖ではワカサギの投網漁（写真32）が行われ、ワカサギが諏訪湖に導入されて以降、地元の食材としてから揚げや甘露煮で食べられています。

ワカサギ釣りのシーズンが進み、厳冬期になると県内の一部の湖沼は結氷します。人が乗れるくらいに氷の厚さが十分になるとワカサギ釣りの代名詞である氷上穴釣りができるようになります。長野県は（管理された）氷上穴釣りができる南限で、穴釣りの釣り場として「松原湖」「霊仙寺湖（れいせんじこ）」「中綱湖（なかつなこ）」「美鈴湖」などがあります。その中でも県内で穴釣りが有名な湖といえば松原湖です（写真33）。しかし、近年は氷が十分な厚さに達しないこともあり、

写真33　松原湖での氷上穴釣りの様子

そういった場合でも湖上に出て釣りが楽しめるように桟橋が設置されています。この桟橋での釣りは、結氷期前の11月下旬頃から行うことができます。

いままで紹介したように、ワカサギ釣りは寒い時期の釣りというイメージが強いと思います。しかし、春から秋にかけてもワカサギ釣りを楽しむことができる湖もあります。木崎湖では冬期にドーム船釣りが主ですが、それだけではなく、多くの湖沼でワカサギ釣りのシーズンが終わりを迎える4月ころから小型のボートを使ってワカサギ釣りができます。春から秋にかけてのワカサギ釣りの最盛期は6～10月で、この時期の木崎湖では誰もがすぐにワカサギを釣ることができます。やり方はとても簡単。まず、サシなどのエサは必要ありません。ボートで沖に出て、ポイントについたらカラバリと呼ばれる、ビーズやフィラメントがついているハリを垂らす。ただそれだけで、ワカサギがそこにいればすぐに釣れてしまいます。もし釣れない時には、魚群探知機を駆使してワカサギがいるポイントを探してもいいですし、群れが回ってくる場所でのんびり待ちながら釣るのも気持ちがいいです（写真34）。筆者（松澤）も1度カラバリ釣りを経験しましたが、晴れた日に心地の良い風が吹く中でのワカサギ釣りは、冬のワカサギ釣りとはまた違った風情があります。さらに、条件が良ければカラバリでも餌釣りに匹敵するほどの釣果が期待できます。カラバリは餌に触れることなく釣りができるので、餌を触るのが苦手な方にもとてもおすすめです（写真35）。

写真34　木崎湖でのボート釣りの様子

これまで紹介した湖は全国的にも有名なワカサギ釣り場ですが、県内で比較的最近からワカサギ釣りが楽しめるようになった湖があります。松本市の郊外にある美鈴湖です。美鈴湖は、かつてワカサギの穴釣りで冬季も賑わっていましたが、オオクチバスが密放流されて以来ワカサギが激減したた

写真35　カラバリで釣れたワカサギ（木崎湖）

め、10年ほど前までワカサギ釣りは途絶えてしまっていました。しかし、美鈴湖の管理者がワカサギ釣りの復活を目指し、卵のふ化放流とオオクチバスを中心とした駆除活動を実施しました。その結果、多くのオオクチバスとブルーギルが採捕され、2014年の試し釣りではワカサギの釣果が確認されたため、ワカサギ釣りが解禁され、約20年ぶりにワカサギ釣り場としての賑わいを取り戻しました[39]（写真36）。その後は、リール竿のレンタルをはじめ、ドーム桟橋の設置やボランティアのインストラクターによる、初心者への道具の使い方から釣れた際の針の外し方まで、一人でできるようになるまで教える取り組み（平成28～平成31年東京水産振興会受託「内水面の環境保全と遊漁振興に関する研究」のうち「ワカサギ遊漁振興に関する研究」

写真36　ワカサギ釣りで賑わう美鈴湖

で試行後、現在も実施）など、初心者の方も安心してワカサギ釣りが楽しめる環境づくりを行っています[40]（写真37）。

写真37　美鈴湖に設置されたドーム桟橋

また、美鈴湖は梓川（あずさがわ）スマートインターから車で約20分、松本市街地からも車で約30分とアクセスがとても良く、県内外から多くの釣り人が訪れています。さらに松本地域といえば、松本城や浅間（あさま）温泉、美ケ原（うつくしがはら）温泉といった観光地も多数あり、ワカサギ釣りと一緒に松本地域を満喫できるのが大きな魅力です。

ここで紹介したように、1年を通じて様々な釣り方で楽しむことができる長野県は全国的に見ても珍しく、それが長野県のワカサギの最大の魅力です。さらに、紹介した湖沼以外にも時期や場所、釣り方に応じてファミリー層、レジャー層からマニア層まで幅広く楽しませてくれる素晴らしい釣り場が長野県には数多くあります。そんな長野県へ、自分に合ったワカサギ釣りのスタイルを求めて訪れてみてはいかがでしょうか。

滋賀県のワカサギ

百名山伊吹山山頂にある日本武尊像

日本百名山のひとつで滋賀県の最高峰（標高約1,377m）の山です。山頂からは眼下に琵琶湖、比良、比叡の山々や日本アルプス、伊勢湾まで一望の大パノラマが広がります。

井出充彦

ワカサギの移植と琵琶湖での増加

琵琶湖(面積669.3km^2)では、古くは1910年から1953年までに、2期に分けて合計約14億粒のワカサギ卵が霞ヶ浦や宍道湖などから移植されましたが定着しませんでした[41-43]。

一方で、琵琶湖の北部に隣接する余呉湖(よごこ)(面瀬1.8km^2)では(図27)、1918年から1940年までの移植で定着し[42、43、45]、1973年からワカサギの漁獲量が統計書にも記載されるようになりました[46]。1945年以降には、余呉湖漁協により、ほぼ毎年、主に網走湖産のワカサギ卵が移殖されており[47]、関西でも有数のワカサギ釣り場として賑わっています。

図27　琵琶湖と余呉湖の位置関係

このように、琵琶湖では余呉湖と異なり忘れられた存在だったワカサギが、なぜか1993年頃からまとまって漁獲されるようになり、1996年からその漁獲量が統計書に記載されるほど増えました（図28)。

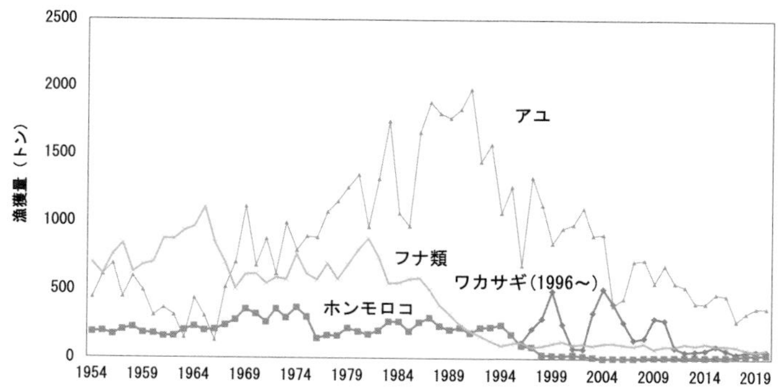

図28　琵琶湖の主な魚種の漁獲量の推移
元データ出典：滋賀農林水産統計年報　(近畿農政局 滋賀農政事務所)（2010～）内水面漁業生産統計調査　(農林水産省)

琵琶湖のワカサギの特徴

ワカサギの増加を受け、1994年度から現状把握のため基礎調査を開始しました。その結果、1994年生まれのワカサギの体長は7月に50mmだったものが、翌年1月には110mmまでになり[48]、霞ヶ浦のワカサギ大型群に匹敵する成長であることが分かりました[49]。

また、1994年11月に採捕したワカサギの胃内容物を調べたところ、個体数ではヨコエビやケンミジンコの割合が高かったのですが、調べた52尾のうち22尾からアユの仔魚（ヒウオ）が1～2尾出てきました。ワカサギの胃の中でのアユ仔魚の容積割合が80%以上であったので、非常に効率のよい餌だと考えられました[48]。また、その後の調査では最大22尾ものアユ仔魚がワカサギの胃に入っていました[50]。

このことから、アユ仔魚を一方的に捕食するということが分かりましたが（写真38に一例）、アユ資源に関する様々な調査から、アユ資源に対するワカサギ増加の影響は、現状の資源レベルでは小さいと結論づけています。

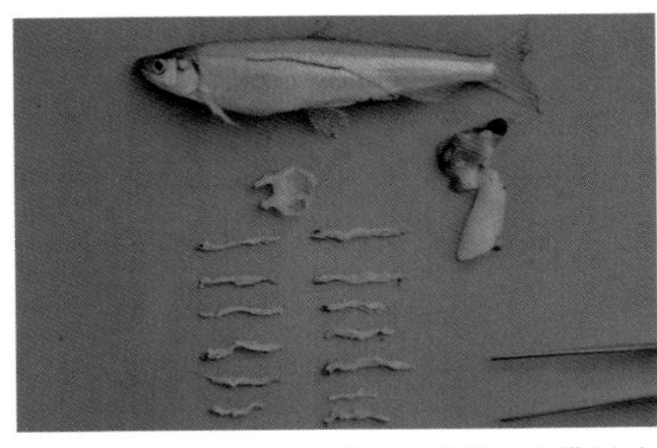

写真38　1996年11月の夜間アユ仔魚調査で混獲されたワカサギの胃内容物

13個体のアユ仔魚が捕食されていた。

続いて1995年から1997年までの3月を中心にワカサギの産卵調査を行い、琵琶湖北湖に流入する複数の河川の下流部で産着卵が確認でき、夜間に産卵遡上があることも分かりました[51]。

また、ふ化後4月頃までは仔魚の状態で分散した後、5月から6月頃にかけて後期仔魚～稚魚の状態で沿岸部の浅場に群れを作って分布し、成長するにつれ8月頃から沿岸部を離れ[52]、その後は水深30m以深に生息するという生活史についても、一連の調査や漁獲状況などで大まかに分かってきました。

琵琶湖でなぜ増えたのか

明確な答えはありませんが、漁獲量の推移から次の仮説が成り立ちます。1980年代にオオクチバスが急増しフナ類の漁獲量が激減しましたが、その中にあっても年200トン前後の漁獲量を維持していた琵琶湖固有種のホンモロコが、1994年以降の南湖での水草の大量繁茂や産卵環境の悪化などによって激減し、それと入れ替わるようにワカサギが増加しました（図28）。つまり、餌や生息場所が似ているホンモロコ[50、53]が減少したことがワカサギの増加を手助けした可能性が考えられます。

その傍証として、アユの体長が縮小傾向となるなど、琵琶湖の餌料環境が厳しくなる2007年以降では[54]、ワカサギとホンモロコの漁獲量の間には負の相関が有意水準5％で以前にも増して明確に認められるようになりました。一方で、ワカサギとアユの漁獲量の間には正の相関が認められます（図29）。成

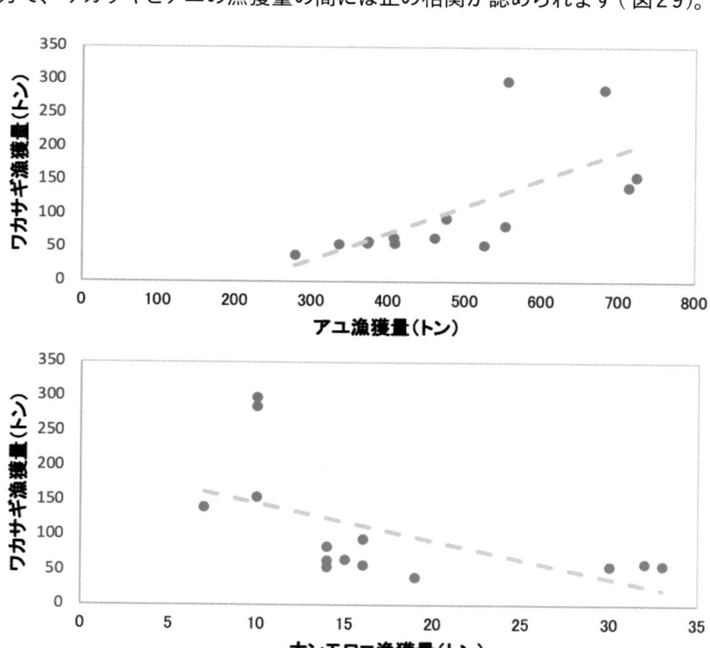

図29　琵琶湖の餌料環境の悪化が疑われる2007年以降のワカサギとアユおよびホンモロコの漁獲量の関係
元データ出典：滋賀農林水産統計年報（近畿農政局 滋賀農政事務所）（2010～）内水面漁業生産統計調査（農林水産省）

長段階が時期的に重なる前2種間と、重ならない後2種間の関係などが、種間関係解明のヒントになると考えており、より精度を高めた検討が必要です。

一方、余呉湖で定着できた理由も不明ですが、琵琶湖と比較して競合魚種が少ないことがその理由かもしれません。また、資源が途切れず維持されている理由としては、余呉湖漁協が遊漁者の根強い人気に支えられて、地域の観光資源として積極的にワカサギを増殖（卵移植と水路などを利用した自然産卵助長）していることがあげられます（写真39）。

写真39　ワカサギ遊漁者でにぎわう余呉湖

分からなかった琵琶湖のワカサギの由来

1994年当時、余呉湖のワカサギが琵琶湖へ流出した可能性を考えましたが、両湖のワカサギの脊椎骨数を計数したところ、有意に差がありました[48]。その結果、単純に余呉湖からの流出が由来であるとは考えにくく、遺伝的に調べる必要がありましたが、諸般の事情により1998年度でワカサギの調査は終了しました。

ただし、1995年から翌年にかけて、クルメサヨリやボラが複数かつ広範囲にわたる琵琶湖周辺のエリ（小型定置網）で、それぞれ9尾と10尾が漁獲されたことから[55]、何らかの目的でこれら汽水性の魚類が、漁獲されるより遥かに多く放流されたと推測され、証拠はありませんが、同じ汽水性のワカサギについても関連があるのではと考えています。

琵琶湖のワカサギ資源を今後どうするか

1994年以降の琵琶湖で、目的とするホンモロコが数年でほとんど漁獲されなくなり、一方でワカサギが多く混獲されていく過程で、ワカサギが漁業対象種として重要になってきました。地域性の強いホンモロコと違って全国的にも名の知れたワカサギは、県外へも出荷されるようになりました。

ところが、2010年までは変動は大きいものの、アユに次ぐ200トン前後で推移していたワカサギの漁獲量が、2011年以降では100トン未満で推移するようになりました(図28)。せっかく販路が拡大しつつあったワカサギの漁獲量が減少し、漁業者からは増殖すべきとの声も聞こえ始めました。

しかし、ワカサギは国内外来種であり、第5種共同漁業権制度のもとで増殖義務が課せられている余呉湖と違い、琵琶湖で積極的に増殖を図ることは、現在では問題があると考えています。また、ワカサギの生残は仔魚期の餌となるワムシ類などの発生状況に大きく左右され、やみくもに卵移植をしても無駄となる可能性がないとも限りません。さらに、ここ数年でホンモロコ資源が回復しつつあり、ホンモロコに抑制される可能性もあります。

それよりも、ワカサギについては、優れた漁業資源として現状のまま最大限有効活用をしながら、現在増えつつあるホンモロコ資源を、かつての漁獲量レベルに近づけるよう、増殖事業や資源管理を強化し、さらに県内・外での消費を伸ばすよう対策を充実させることの方が大切であると考えています(写真40)。

写真40　まんべんなく炭火を通すために網に立てた状態のホンモロコの素焼き

近年ホンモロコ資源は増加傾向であるが消費拡大が課題となっている。

島根県のワカサギ

出雲大社神楽殿と大注連縄（写真提供：森山陽介）

神々の国と呼ばれる出雲の国（現在の島根県）に堂々と建つ出雲大社。数千年の歴史を持つ神殿が厳かに建っています。また、大注連縄とは、長さ約13メートル、重さ約5トンを超える大しめ縄で、出雲大社の威厳を表す象徴となっています。

福井克也

日本海側のワカサギ自然分布は島根県の宍道湖(しんじこ)が南限とされています。ワカサギは宍道湖周辺で「アマサギ」と呼ばれ、冬を代表する味覚の一つとして親しまれてきました。島根県のワカサギは宍道湖を中心に漁獲されていましたので、ここでは宍道湖のワカサギについて述べることとします。

宍道湖について

宍道湖は一級河川斐伊(ひい)川水系の一部で、島根県東部の松江市と出雲市にまたがる位置にあり、周囲47km、湖面面積が79.25km^{2}と全国で7番目の大きさの湖沼です。また、宍道湖は大橋川、中海(なかうみ)、境水道を通じ、日本海と繋がる汽水湖です（写真41）。宍道湖は汽水湖という特性上、湖水の塩分が変化するため、淡水魚から海水魚まで様々な魚介類が漁獲されます。その中から代表的な7種の魚介類として、スズキ、モロゲエビ（ヨシエビ）、ウナギ、アマサギ（ワカサギ）、シラウオ、コイ、シジミ（ヤマトシジミ）が挙げられ、これらは宍道湖七珍(しんじこしっちん)と呼ばれています。

また、それぞれの頭一文字を取り「スモウアシコシ」と覚えられています。

写真41　宍道湖東岸からの眺望

ワカサギ漁獲量の変遷 〜ワカサギ漁業の消滅〜

1962年から2021年までの宍道湖におけるワカサギの漁獲量を見ると、1962年から1993年までは28から586トンと年によって大きく変動しますが、平均すると267トン程度の水揚げがありました。しかし、1994年を境に大きく減少し、2006年以降は0トンとなり、事実上、宍道湖のワカサギ漁業は消滅してしまいました[56)]（図30）。

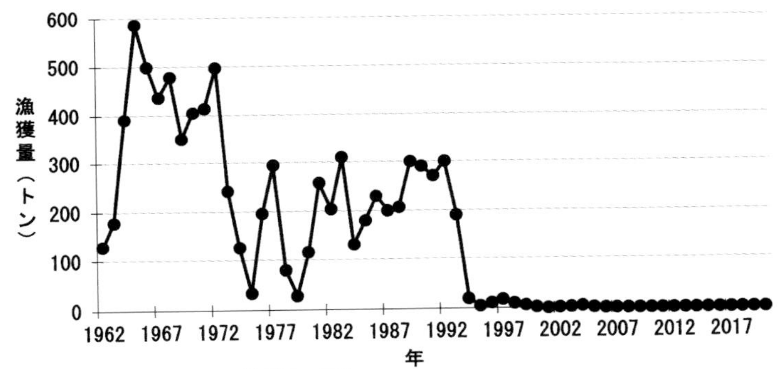

図30　宍道湖におけるワカサギ漁獲量の推移
（農林水産省．昭和37年〜令和3年漁業・養殖業生産統計年報より作成）

ワカサギが減少した原因については諸説ありますが、ワカサギは冷水系の魚種で、宍道湖が日本海側の自然分布の南限であることや、高水温耐性試験[57-59)]、宍道湖の水温観測結果などから、夏季の水温上昇が最も大きい原因と考えられています。特にワカサギ資源が壊滅状態となった1994年（平成6年）は、西日本から関東地方まで猛暑・渇水に見舞われた年で、宍道湖では8月上旬から1ヵ月以上にわたって水温が30℃を超えており[60)]、長期間に渡る生息限界を超えた高水温がワカサギ資源壊滅の引き金となったと考えられています。また、1994年以前では1973年から1975年にかけてと、1978年から1979年にかけての2回、漁獲量の大きな減少が見られます。この2回の減少についても、1973年、1978年共に渇水と高水温に見舞われたと記録されており、特に1978年の8月には、湖水温が35.5℃に達したと記録されています[61)]。このほか、1990年代に入ると、しばしば水温が30℃を超えることがあり、このような年は、ワカサギの斃死が発生した記録が残されています[62-64]。現在の宍道湖は8月の水温がワカサギの生息限界水温を超える事が常態化しており、ワカサギの生息にとって厳しい環境になっています。

ワカサギの漁法

前述の様に、現在の宍道湖ではワカサギ漁業が成立しない資源状況となっているため、かつてワカサギを漁獲してした漁法について紹介することとします。宍道湖におけるワカサギ漁の特徴は、「ます網」、「ふくろ網」、「刺し網」といった設置型の漁具のみで漁獲されていたことです。また、操業期間は10月15日から翌年の3月31日までと、晩秋から春先までが漁期となっていることが特徴です。「ます網」は小型定置網の一種で、琵琶湖で操業されている魞(えり)を参考に昭和20年頃導入されたようです[65]。漁具の大きさは、垣網長が130ｍ以内、囲い網長60ｍ以内、魚取り部分となる「もんどり」は4個までと定められています。操業時は「もんどり」部分を船上に引き上げ、中の漁獲物を取り出します。最盛期には50統を超える「ます網」が宍道湖沿岸に設置されていましたが、ワカサギの資源の減少に伴い、スズキ、シラウオ、マハゼ、フナ等が入網する漁場に数統が残るのみとなってしまいました（図31）。

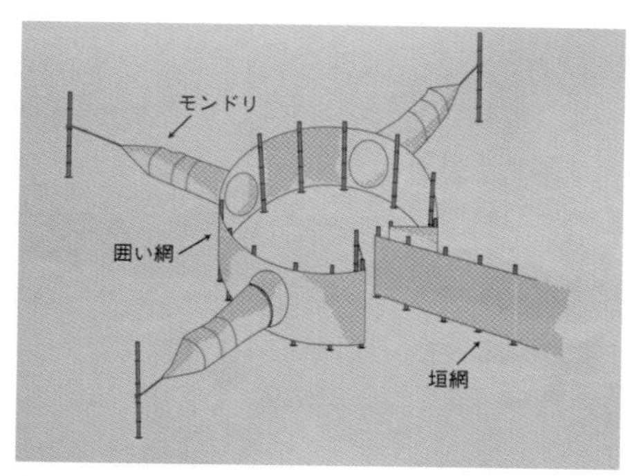

図31　ます網概要

「ふくろ網」は、宍道湖から中海に繋がる大橋川や、宍道湖から日本海へ繋がる佐陀(さだ)川に仕掛けられ、宍道湖から中海や日本海へ流れが向かう、下げ潮時のみ操業されることが特徴です。普段は係留した船上に網を揚げておき、下げ潮時に船上から投網し、潮の流れに乗って下ろうとするワカサギやシラウオを漁獲するものです[65)]。「ふくろ網」は今でも大橋川で数統が操業されています。「ふくろ網」は漁具サイズによって呼び名が変わり、袖網の間隔が8.5m以上、15.5m以下のものを「越中網」、8.5m以下のものは「小袋網」と呼ばれています（図32）。ワカサギの漁獲量が多かった年代には、「ます網」や「ふくろ網」に入るワカサギが余りに多く、魚取り部分を裂いてワカサギを逃がさないと、船に上げることができないことがしばしばあったそうです。

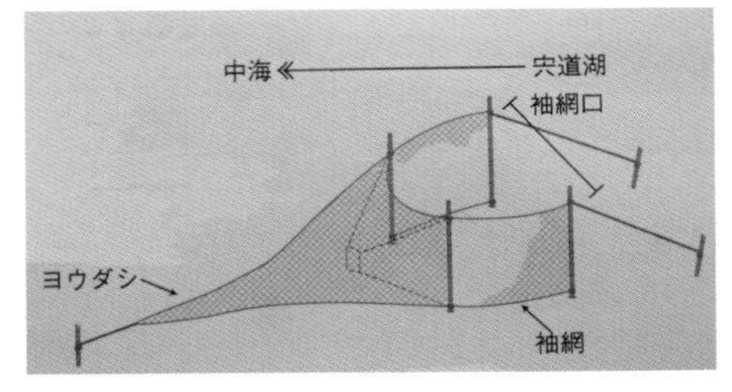

図32　ふくろ網概要

「刺し網」は、宍道湖沿岸部や大橋川の広い範囲で操業されていました。流れの早い大橋川や隣接する剣先川では、流れを横切るような形で網を入れることができないため、「柴手」と呼ばれる柴の木や竹で組んだ垣を流れに直行するように設置し、その横に刺し網を設置する「しば手網」と呼ばれる操業方法もありました[65)]。これは、流れに向かって泳いできたワカサギが柴手にぶつかり、横に避けようとした際に刺し網に掛けるという、魚の行動を利用した仕掛けでした（図33）。このほか、珍しい漁法として、宍道湖の斐伊川河口部の浅瀬で産卵に遡上するワカサギを掬い獲る「わかさぎ掻（かき）」と呼ばれる漁法もあったそうで[65)]、かつてのワカサギ資源の豊かさを物語る漁法であると思います。

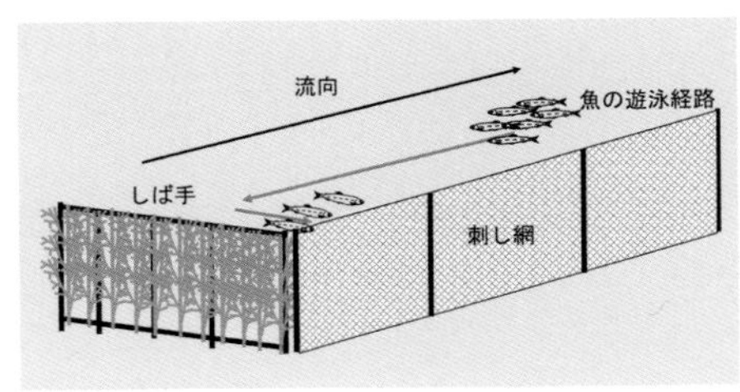

図33　しば手網概要

ワカサギのつけ（かけ）焼き

第2章の「ワカサギを食べる」でも記述されていますが、宍道湖周辺地域では「つけ焼き」もしくは「かけ焼き」とよばれる料理がありました。島根民藝録・出雲新風土記　行事の巻・味覚の巻に、「公魚は吸物、茶碗蒸し、天麩羅などにも用ひられるが「かけ焼」に勝る料理法はない。かけ焼は公魚を細串で目刺しにし、これを遠火にかけて白焼きにしたものを味醂と醤油に生姜をすり込んだ汁の中へ暫く浸した後適度に焼きあげたもので、何とも云へぬ滋味があって上戸にも下戸にも向くが通人は殊に茶漬けを喜ぶ。」[66] とあります。「つけ焼き」は特別な料理ではなく、一般家庭で作られていた料理で、各家庭それぞれの味付けがあったようです。宍道湖産のワカサギが市場から消えて久しくなりますが、今後「ワカサギのつけ（かけ）焼き」という食文化も次第に消滅してしまうのかもしれません（写真42）。

写真42　ワカサギのつけ（かけ）焼き

ワカサギの今後について

2006年以降、宍道湖産ワカサギの漁獲を目にしなくなって早くも16年以上が経過してしまいました。しかし、ワカサギは宍道湖から消え去ったわけではありません。毎年、6月～7月にかけ、出水後に宍道湖西岸部の流入河川に数百尾の単位で集まって来る姿が見られます（写真43）。しかし、これらのワカサギは梅雨が明け、湖内や流入河川の水温が上昇し始めると一斉に姿を消してしまいます。温暖化が進行していると言われる現在、宍道湖の夏は暑く、ワカサギにとって生息してゆく事さえ厳しい状況が続いています。それでもしたたかに生き続けているワカサギを見ると、いつの日か以前の様に宍道湖産ワカサギ資源が復活することを願って止みません。

写真43　宍道湖産ワカサギ稚魚

佐賀県のワカサギ

佐賀インターナショナルバルーンフェスタ

毎年11月に開催される佐賀インターナショナルバルーンフェスタは、熱気球の競技大会で、佐賀の秋空を彩る一大イベント。参加する熱気球は100機以上、来場者数は80万人を超えるアジア最大級の国際大会です。

明田川貴子

佐賀県のワカサギ釣りは、佐賀市三瀬村と富士町にまたがる北山湖で行われています（図34）。北山湖は1956年に完成した人造の多目的ダム湖で、面積は2㎢、周囲は広葉樹林が広がり、自然のままの風景を醸し出しています。ヘラブナをはじめ、オオクチバスなどの北部九州の釣りスポットとして有名で、休日には多くの釣り人達が訪れます。また、北山湖一帯は背振北山県立自然公園に指定されており、福岡市内からも車で1時間程で来ることができ、気軽に自然やグルメを楽しめる場所として、県内外から観光客が訪れます。

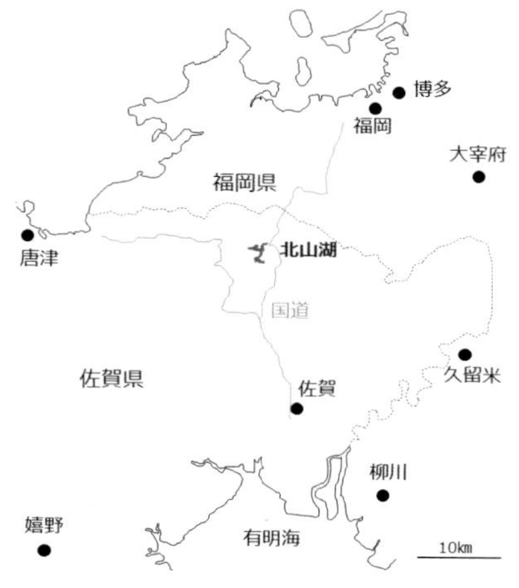

図34　北山湖の位置

北山湖でのワカサギの生息については、支流河川へのワカサギ親魚の遡上により、従来から生息が確認されていたものの[67]、釣りを行うほどの量ではありませんでした。そうした中1980年代からは、市や周辺住民などで組織する北山湖環境保全及び安全対策会（以下、対策会）がワカサギ卵やヘラブナの放流を行ってきました。また、1989年頃にはオオクチバスの生息が確認され、オオクチバス釣りを目的とした観光客が多く訪れるようになりました。しかしながら、2011年から行われたダム施設工事で、北山湖の水位がゼロ近くになる年もあり、この影響でヘラブナ、オオクチバスが激減したため、釣り客が遠のいて周辺の観光業が大打撃を受けました。一方で卵放流を地道に続けることで数が増えていたワカサギは、工事の影響を受けたものの、ある程度釣れていたことから、観光客減少に歯止めをかけるため、対策会が2014年から冬季の「ワカサギ釣りのPR」を始めたところ好評で、釣り客が再び増加しました。最近では、九州でワカサギ釣りができる湖として少しずつ知られるようになり、毎年11月から3月中旬まで、約2,000

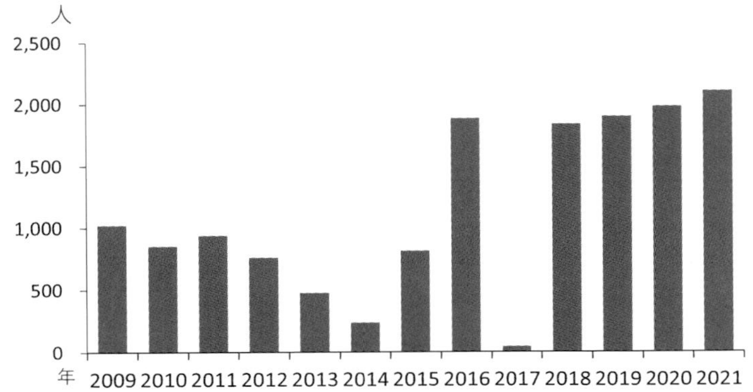

図35　北山湖におけるワカサギ釣り客数の推移
（北山湖環境保全及び安全対策会調べ）

人の釣り客が訪れるようになりました（図35）。現在、北山湖畔には3軒の貸しボート屋があり、ここで手漕ぎや動力付きのボートと釣り道具をレンタルすれば、気軽にワカサギ釣りを行うことができます（写真44）。シーズン初めは寒さも厳しくないため、身軽な服装で多くの釣り客が訪れる様子がみられます。

写真44　北山湖のワカサギ釣り風景
（写真撮影：フィッシングセンターうおまん）

筆者（明田川）は、2021年に北山湖における、ワカサギ釣りの実態把握のための釣り客へのアンケート調査を行いました（明田川、未発表）。その結果によると、福岡県内からの釣り客が55％を占めており、佐賀県内は29％、その他は長崎県や熊本県となっていました。釣り客の年齢は、10

代から70代までと幅広く、20代から40代が72%と多くなっていました。また、全体の37%が中学生以下の子供を連れた家族での来訪でした。次に、周辺の飲食店や直売所の利用状況については、飲食店が66%、直売所が70%の人が利用すると回答しました（図36）。このことから、ワカサギ釣りは、子供から大人まで楽しめるレジャーで、地域への貢献度も高いことがわかりました。

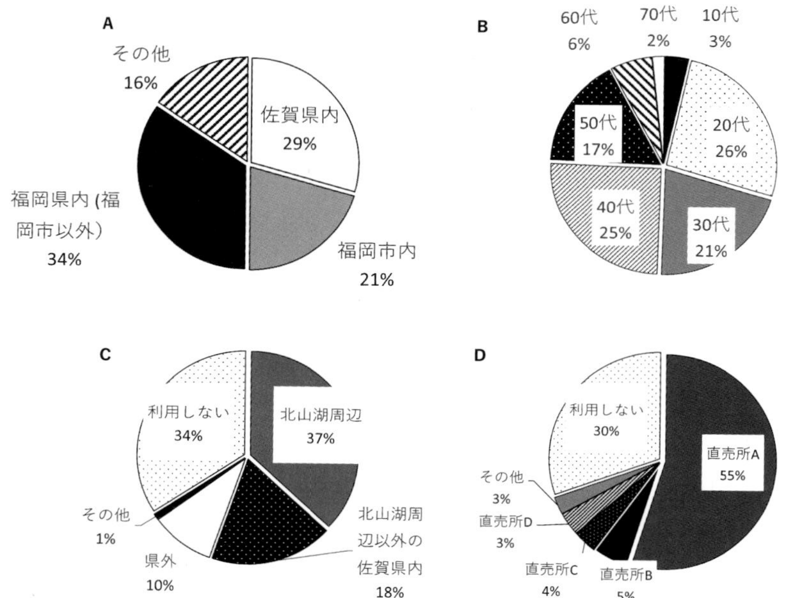

図36 (A) 釣り客の居住地 (B) 釣り客の年齢層 (C) 飲食店の利用状況 (D) 北山湖周辺直売所の利用状況（佐賀県有明水産振興センター調べ）

この様な中、釣り客の増加とともに、ワカサギ資源の維持が課題となっています。対策会では、従来からワカサギ卵の放流は、卵を付着させたシュロ枠を購入し、これを湖面に設置する方法で行われてきました。しかし、卵の脱落や、魚による食害が懸念されることから、より効果的な放流を行うために2020年からは日本釣用品工業会が行うLOVE BLUE事業を活用し、筒型ふ化器を導入することで、ふ化仔魚の放流が行われています。また、北山湖に定着したワカサギの資源増大を目指して、2021年からは、北山湖支流の河川に遡上する親魚を採集し（写真45）、湖畔の水槽内で採卵後、筒型ふ化器に入れてふ化させた後、仔魚を湖に放流する取組も始められています。筆者らは2019年からこれらの取組に協力をしていますが、対策会と試行錯誤を重ねた結果、2022年は41kgの親魚を採集し、約310万尾の仔魚を放流することができました。今後、ワカサギの資源を維持し、多くの人がワカサギ釣りに訪れるようになることや、周辺施設との連携により、地域の活性化につながることを期待しています。

写真45　ワカサギ親魚遡上河川における採集網設置の様子

Chapter

これからのワカサギ
～現状と将来

ワカサギに学ぶ会

「ワカサギに学ぶ会」は、現在9つの道県が持ち回りで開催されていますが、第1回は「網走のワカサギに学ぶ会」として1994年に網走市で開催されました[1)]（写真1、表1）。網走市内には網

写真1　2012年に北海道網走市で開催された第16回の会場の様子

表1　これまでの開催日、名称と開催地

	開催日	名称	開催地
第 1 回	1994年 4月21日	網走のワカサギに学ぶ会	北海道網走市
第 2 回	1995年 3月 9日	網走のワカサギに学ぶ会	北海道網走市
第 3 回	1996年 3月 5日	網走のワカサギに学ぶ会	北海道網走市
第 4 回	1997年 3月 4日	網走のワカサギに学ぶ会	北海道網走市
第 5 回	1998年 5月11日	網走のワカサギに学ぶ会	北海道網走市
第 6 回	2000年 3月 9日	網走のワカサギに学ぶ会	北海道網走市
第 7 回	2000年11月21日	ワカサギに学ぶ会	長野県下諏訪町
第 8 回	2001年11月22日	ワカサギに学ぶ会	茨城県霞ヶ浦町
第 9 回	2003年 3月11日	ワカサギに学ぶ会	北海道札幌市
第10回	2003年12月18日	ワカサギに学ぶ会	青森県三沢市
第11回	2004年11月18日	ワカサギに学ぶ会	秋田県飯田川町
第12回	2005年12月 7日	ワカサギに学ぶ会	福島県北塩原村
第13回	2007年 3月14日	ワカサギに学ぶ会	神奈川県箱根町
第14回	2010年 2月 4日	ワカサギに学ぶ会	山梨県富士吉田市
第15回	2010年11月17日	ワカサギに学ぶ会	群馬県前橋市
第16回	2012年 1月26日	ワカサギに学ぶ会	北海道網走市
第17回	2013年 1月29日	ワカサギに学ぶ会	長野県長野市
第18回	2014年 1月23日	ワカサギに学ぶ会	茨城県土浦市
第19回	2015年 1月22日	ワカサギに学ぶ会	青森県青森市
第20回	2016年 1月15日	ワカサギに学ぶ会	秋田県秋田市
第21回	2016年12月 6日	ワカサギに学ぶ会	神奈川県横浜市
第22回	2018年 2月 2日	ワカサギに学ぶ会	山梨県甲府市
第23回	2018年11月29日	ワカサギに学ぶ会	千葉県千葉市
第24回	2019年10月 9日	ワカサギに学ぶ会	群馬県前橋市
第25回	2022年 2月14日	ワカサギに学ぶ会	北海道（web 会議）
第26回	2023年11月16日	ワカサギに学ぶ会	長野県松本市（web 併用）

走湖、濤沸湖（とうふつこ）という重要なワカサギの漁場があり、そこでは北海道立（現：地方独立行政法人　北海道立総合研究機構）網走水産試験場、同水産孵化場（現：さけます・内水面水産試験場）、同環境科学研究センター（現：エネルギー・環境・地質研究所）や北海道開発局、大学などが地元の漁業協同組合や漁業者などの協力を受けて精力的に調査研究を行っていました。しかし、それぞれの組織が独自に行っていたため、類似した研究テーマもあり、効率よく調査研究を行うための情報交換や成果発表の場として発足しました。

その後、回を重ねるにつれて話題は網走以外へも広がり、北海道外からの参加者も増えていきました。そこで、第6回までは網走水産試験場が事務局を担い開催されてきましたが、第7回からは「ワカサギに学ぶ会」と名称を変えて参加道県が幹事長、幹事を持ち回り、北海道以外でも開催されるようになりました（表1）。

発足当初の参加者は調査研究を行っている研究者が中心で、後に博士号を取得した研究者もいます。近年は、ワカサギ釣りを主な業務とする漁業協同組合の関係者などの参加も増えています。また、ワカサギは誰でも手軽に行える釣りの対象種として大変人気を集めており、漁業資源としての重要性だけでなく、経済効果も高いとして注目されています。このように貴重な資源が今後も持続的に活用されるためにも、調査研究が進展していくようこの会のさらなる発展を願っています。

LOVE BLUE 事業
『内水面釣り場拡大事業（ワカサギ）』

『自然環境の持続こそ、私たちの未来そのもの』という理念の下、「つり環境ビジョンコンセプトに基づくLOVE BLUE 事業」は（以下、LOVE BLUE）、2013年4月より、（一社）日本釣用品工業会と（公財）日本釣振興会の協働事業として開始しました。

LOVE BLUE は「水辺をきれいに」「サカナを守ろう」「フィールドを広げよう」の三つを優先事業と位置づけ、その財源には、釣りに関わるメーカーなどの参加企業（264社：2023年3月現在）が、国内で販売する釣り関連製品のパッケージなどに「環境・美化マーク（図1）」を表示し、そのマークの表示された製品を釣り人の皆さまがご購入された売り上げの一部などを弊会へ拠出いただいた自主財源のみを活用しています。

図1　環境・美化マーク

2017年より新たに開始した、内水面釣り場拡大事業（ワカサギ）は、全国的に楽しめる釣りの入口として、老若男女を問わず、食べて美味しく、近年人気の高まる手軽な「ワカサギ釣り」を支援することで、全国各地のワカサギ釣り場がより一層活況となり、引いては地域経済の発展にもつながればと、①ワカサギ釣り場の創出又は発展を目的とした事業に対して、②ワカサギ卵供給に掛かる初期設備を『物納支援』するというもので、③ひとつの釣り場あたりの支援規模は300万円以内（税込）としています。④応募主体は都道府県並びに都道府県水産試験場と「連携」して本事業に取り組む漁業者団体や自治体並びに水産試験場などとなります。⑤応募にあたっては、応募主体での正式な了承（例：理事会）を得て頂き、⑥向こう三年間の事業計画の提出（採択後 事業報告提出）や都道府県水産試験場の協力を得るなどの条件があります。⑦応募期間は例年概ね6月～9月頃となります。⑧応募要領の配布は、例年4月頃に水産庁から各自治体内水面担当部局へ、また全国内水面漁業協同組合連合会から各県内水面漁業協同組合連合会へ、そして（国研）水産研究教育機構 水産技術研究所 環境・応用部門 沿岸生態システム部 内水面グループから各県水産試験場へ、ご送付のご協力をいただいています。

これまでの支援実績は以下の通り、2022年度までに、全国24団体へ ふ化関係施設の物納支援を実施しました（表2）。

表2　支援実績

支援年度	自治体	支援地	応募主体	支援内容
2017	群馬県	鳴沢湖	群馬県水産試験場	設置型ふ化器・自然産卵水槽・親魚捕獲用定置網（写真2、写真3）
	長野県	美鈴湖 他	長野県水産試験場	ソーラー式可搬型ふ化器（写真4、写真5）
2018	埼玉県	名栗湖	入間漁業協同組合	設置型ふ化器
	千葉県	高滝湖	養老川漁業協同組合	親魚捕獲用定置網
	兵庫県	音水湖	揖保川漁業協同組合	可搬型ふ化器
	茨城県	霞ヶ浦	霞ヶ浦漁業協同組合	自然産卵水槽（写真6）
	群馬県	梅田湖	両毛漁業協同組合	ソーラー式可搬型ふ化器・自然産卵水槽
	島根県	尾原ダム湖	NPO さくらおろち湖・ワカサギ育成活動推進協議会	ソーラー式可搬型ふ化器
	山梨県	河口湖	河口湖漁業協同組合	親魚捕獲用定置網
2019	佐賀県	北山湖	北山湖環境保全及び安全対策会	設置型ふ化器・自然産卵水槽
	山形県	横川ダム	小国町漁業協同組合	サランロック（写真7）
	山梨県	山中湖	山中湖漁業協同組合	自然産卵水槽・親魚捕獲用定置網
	北海道	しのつ湖	新篠津村	設置型ふ化器・自然産卵水槽
2020	兵庫県	東条湖	加古川漁業協同組合	設置型ふ化器・自然産卵水槽
	北海道	網走湖	西網走漁業協同組合	自然産卵水槽
	栃木県	川俣湖	川俣湖漁業協同組合	設置型ふ化器・自然産卵水槽・親魚捕獲用定置網
	新潟県	奥只見湖	魚沼漁業協同組合	バッテリー式可搬型ふ化器
	宮城県	花山ダム	花山漁業協同組合	バッテリー式可搬型ふ化器・自然産卵水槽・親魚捕獲用定置網
2021	奈良県	津風呂湖	津風呂湖漁業協同組合	自然産卵水槽・親魚捕獲用定置網
	大分県	大山ダム	日田漁業協同組合	設置型ふ化器・ソーラー式可搬型ふ化器・自然産卵水槽・親魚捕獲用定置網
	北海道	濤沸湖	網走漁業協同組合	親魚捕獲用定置網
2022	埼玉県	埼玉県内	埼玉県漁業協同組合連合会	設置型ふ化器
	長野県	岩倉ダム	下伊那漁業協同組合	可搬型ふ化器・自然産卵水槽・親魚捕獲用定置網
	北海道	阿寒湖	阿寒湖漁業協同組合	可搬型ふ化器・新型ブラシ

写真２　群馬県鳴沢湖　群馬県水産試験場
『ふ化施設 事業支援 銘板』

写真３　群馬県鳴沢湖　群馬県水産試験場
『親魚捕獲用定置網』

写真４　長野県美鈴湖　長野県水産試験場
『ソーラー式可搬型ふ化器』

写真５　長野県美鈴湖　長野県水産試験場
『ソーラー式可搬型ふ化器 』

写真６　茨城県霞ヶ浦　霞ヶ浦漁業協同組合
『自然産卵水槽』

写真７　山形県横川ダム　小国町漁業協同組合
『サランロック』

これからも、「LOVE BLUE 事業」は、つりの未来を拓く為の社会貢献事業として、全国のワカサギに関わる皆様と手を携えながら、ワカサギ釣り並びにワカサギ釣り場の発展を応援して参ります。

≪水産庁後援 つり環境ビジョンコンセプトに基づくLOVE BLUE 事業
内水面釣り場拡大事業（ワカサギ）に関するお問合せ≫
（一社）日本釣用品工業会 事務局
（inwa@jaftma.or.jp 又は03-3555-0101）へ

≪LOVE BLUE 事業≫

公式HP 検索：https://www.loveblue.jp/

公式FB 検索：LOVE BLUE FACEBOOK

おわりに

最後までたどり着いた読者の皆様、本書を手に取っていただき、ありがとうございました。私ども執筆陣は、私どもが知る限りのワカサギの魅力を、私どもが持てる限りの表現力で、読者の皆様に伝えられるように努めました。食べものとして、釣りの対象として、そして生物として、ワカサギが魅力的な魚であることは、ご存じの方も多いのではないかと思います。しかし、私ども執筆陣は、ワカサギという魚が、読者の皆様が思っているよりも、さらにいろいろな側面、あるいはいろいろな魅力を持つ魚であることをお伝えしたいのです。ワカサギは、多くの人の生活を支えてきた重要魚種であるにもかかわらずその資源量は激減しています。その一方で釣りの対象として人気があり、釣り場はむしろ増えてきています。そのことによる生態系での侵略者としての側面もあって、これらのいろいろな現象が、みんな日本国内で起こっているのです。私ども執筆陣の願いは、ワカサギをもっとよく知り、活用することで、皆様の生活が豊かで楽しくなることです。それとともに、残念な現実や負の側面もしっかり受け止め、何が問題なのか、皆様御自身にできることがあるのか、お知恵を貸していただければと思います。皆様が考えるための材料となる科学的知見につきましては、私どもが全力で蓄積し、提供していきたいと思います。もちろん私ども自身も研究者として、また一市民として、しっかり考えていきます。

さて、もう1つ、本書には興味深い点があります。それは、研究者の頭の中を垣間見ることができることです。各章を眺めると、各執筆者が湖や魚を前にして抱いたそれぞれの疑問それ自体は、誰もが感じてもおかしくないようなもののように思えます。しかし、そこからさらに一歩を踏み込んで、湖に入って調査して、疑問を解き明かすという作業は、誰にでもできることではありません。このように、見たことに対して素朴な疑問を抱き、持ち前の教養と経験を武器に、ついついその疑問に立ち向かってしまう人たちが、新しい道を切り開き、世の中の見通しを明るく照らすのではないかなと思います。本書ではワカサギへの取り組みを例として、人をそのように駆り立てる、研究という仕事に潜む魔術的な魅力の存在にも気付いていただければと思います。

最後になりましたが、本書を執筆するにあたり、また執筆の材料となる科学的知見や情報を集めるにあたり、各執筆者が大勢の方々にお世話になりました。執筆者を代表して、ここにお礼を申し上げます。また私どもに執筆の機会をくださった岡様、この本を中心となって企画し、取りまとめを推進してくださった本西顧問をはじめとする生物研究社の皆様にお礼を申し上げます。特に本西顧問には、編集者（増田）個人の話で恐縮ですが、かつて本西顧問が長野県水産試験場にお勤めの頃、当時学生だった編集者を実習でご指導いただいた御縁がありました。今回、その御縁が本書に結び付き、再びご指導をいただくことができて、改めて御縁のありがたさを感じています。またこれも編集者個人の思いとなりますが、豊富な知見と熱い思いを本書に籠めてくださった各執筆者の皆様、それから編集にご協力いただいた水産研究・教育機構の宮本幸太主任研究員には、大変感謝しております。ありがとうございました。

増田賢嗣

謝辞

1章　ワカサギの生物学

ワカサギの遺伝的多様性と大陸のワカサギ　増田賢嗣

本項の執筆にあたり、東北大学の池田実教授および水産研究・教育機構の菅谷琢磨グループ長に有用な助言をいただきました。

2章　ワカサギの文化　増田賢嗣

本章に執筆にあたり、潟上市役所、諏訪湖漁業協同組合、筑波学院大学の古家晴美教授、東京海洋大学の工藤貴史教授、小沼水産株式会社、佐藤食品株式会社、宍道湖漁業協同組合に有用な情報をいただきました。ありがとうございました。また、資料・写真の収集にご協力いただいた皆様に、感謝いたします。

3章　ワカサギの釣り　久下敏宏

1　ワカサギの遊漁科学、3　ワカサギの増殖技術、4　ワカサギの資源管理

釣友の郡直道氏・梅原光夫氏・北村健一氏、赤城大沼漁業協同組合の青木猛理事、両毛漁業協同組合の中島淳志組合長、北海道立総合研究機構さけます・内水面水産試験場の真野修一主任主査、長野県水産試験場諏訪支場の松澤峻技師、群馬県水産試験場の田中英樹主席研究員と鈴木究真博士から貴重な写真や有用な情報をいただきましたことに謝意を表します。

4章　各地のワカサギ

本章に掲載した写真の収集にご協力いただいた皆様に感謝いたします。

編集

本書を編集するにあたり、中村智幸、澤本良宏、山本聡、虫明敬一、淀大我、猿渡敏郎の各氏にご協力をいただきました。ありがとうございました。

1章【引用文献】

1) 浅見大樹．網走湖産ワカサギの初期生活に関する生態学的研究．北海道立水産試験場研究報告 2004; 67: 1—79.

2) 北海道栽培漁業振興公社．ワカサギ産卵場所の保全と創出．あなたのレポーター　The Aquaculture 育てる漁業 1998; No.302: p2.

3) 鳥澤雅．網走湖産ワカサギの生活史多型分岐と資源変動機構．北海道立水産試験場研究報告 1999; 56: 1—117.

4) 落合明、田中克．37・3 ワカサギ．「新版　魚類学（下）」 恒星社厚生閣、東京． 1986; 477—483.

5)Matsumoto Y. Life history of the pond smelt *Hypomesus transpacificus nipponensis* in Lake Abashiri. Master Thesis of Hokkaido University. Hokkaido、1996.

6) 虎尾充．網走湖産ワカサギ、*Hypomesus nipponensis* の生活史に関する発育段階的研究．博士論文、東京農業大学、網走市．2001.

7) 虎尾充．網走湖におけるワカサギの形態的・生化学的初期発育過程．北海道立水産試験場研究報告 2012; 81: 131—139.

8) 宇藤均、小林喬、坂崎繁樹、黒萩尚．網走湖産ワカサギ生態調査　網走湖産ワカサギ生態調査結果報告書、昭和59年8月西網走漁業協同組合、網走市． 1974; 1—33.

9) 大浜秀規．耳石輪紋によるワカサギの日齢査定．日本水産学会誌 1990; 56: 1053—1057.

10) 石田昭夫．網走湖におけるワカサギの食性に関する研究．水産孵化場試験報告 1949; 4(2): 47—56.

11) 佐藤隆平．ワカサギの漁業生物学．水産増殖叢書 1954; 5: 1—99.

12) 白石芳一．ワカサギの水産生物学的ならびに資源学的研究．淡水区水産研究所研究報告 1961; 10(3): 1—263.

13) 山岸宏．諏訪湖におけるワカサギ稚魚の生態について: 付．諏訪湖の富栄養化の進行とワカサギ漁獲量の関係．日本生態学会誌 1974; 24(1): 10—21.

14) 堀直、位田俊臣．ワカサギの人工種苗生産技術の開発に関する研究－I 仔魚が摂餌可能な餌の大きさなどについて．茨城県内水面水産試験場調査研究報告 1977; 14: 11—19.

15) 竹内勝巳、沖野外輝夫．諏訪湖におけるワカサギ（*Hypomesus transpacificus* f.*nipponensis*）の成長と食性．環境科学の諸断面－三井教授還暦記念論文集－．土木工学社．1982; 17—22.

16) 小沼洋司．霞ヶ浦・北浦の湖沖帯に現れる稚仔とその摂餌について．茨城県内水面水産試験場調査研究報告 1985; 22: 1—30.

17) 高橋一孝、桐生透、岡崎巧、大浜秀規．ワカサギの資源生態学的研究－I．平成6年度山梨県水産技術センター事業報告書 1995; 23: 54—92.

18)Rosenthal H、Hempel G. Experimental studies in feeding and food requirements of herring larvae (*Clupea harengs*). Marine food chains. Ed. J. H. Steele. Calif. Univ. Press、1970; 344—364.

19) 塚本勝巳．通し回遊魚の起源と回遊メカニズム．「川と海を回遊する淡水魚」（後藤晃、塚本勝巳、前川光司編）東海大学出版会、東京．1996; 2—17.

20) 片山 知史．小川原湖のワカサギ個体群に関する資源生態学的研究．博士論文、東北大学、仙台市．1996.

21) 藤川祐司、片山知史、安木茂．耳石 Sr : Ca と採集調査から推定された宍道湖産ワカサギの回遊パターン．水産増殖 2014; 62(1): 1—11.

22) 宇藤均、坂崎繁樹．網走湖産ワカサギの生活史第1報網走湖におけるワカサギ漁業の歩みと生活史研究の現状．北水試月報 1983; 40(7): 145—156.

23) 宇藤均、坂崎繁樹．網走湖産ワカサギの生活史第2報産卵期に産卵河川および湖内で採捕されるワカサギについて．北水試月報 1984; 41: 447—459．
24) 宇藤均、坂崎繁樹．網走湖産ワカサギの生活史第3報降海および遡河移動について．北海道立水産試験場研究報告 1987; 29: 1—16．
25)Katayama S、Saruwatari T、Kimura K、Yamaguchi M、Sasaki T、Torao M、Fujioka T、Okada N．Variation in migration patterns of pond smelt、*Hypomesus nipponensis*、in Japan determined by otolith microchemical analysis．Bull．Jpn．Soc．Fish．Oceanogr．2007; 71(3): 175—182．
26) 山中薫、桑原連．北海道北東部鱒浦沿岸域で採捕されたワカサギの胃内容物．水産増殖2000; 48(1): 33—38．
27)Asami H、Shimada H、Sawada M、Sato H、Miyakoshi Y、Ando D、Fujiwara M、Nagata M．Influence of physical parameters on zooplankton variability during early ocean life of juvenile chum salmon in the coastal waters of eastern Hokkaido、Okhotsk Sea．North Pacific Anadromous Fish Commission、Bulletin 2007; 4: 211—221．
28)Houde、ED．Fish early life dynamics and recruitment variability．Am．Fish．Soc．Symp. 1987; 2: 17—29．
29)Cushing DH．Plankton production and year-class strength in fish populations; an update of the match/mismatch hypothesis．Adv．Mar．Biol．1990; 249—293．
30) 佐々木道也．霞ヶ浦の最近におけるワカサギ(*Hypomesus olidus*) 資源の動向につて－II－資源変動要因－．茨城県内水面水産試験場調査研究報告 1981; 18: 6—25．
31) 熊丸敦郎．霞ヶ浦における近年のワカサギ資源変動要因について．茨城県内水面水産試験場調査研究報告 2003; 38: 1—18．
32) 所史隆．特集ワカサギの資源管理と増殖の実態と課題　[生態と資源管理] 近年の霞ヶ浦におけるワカサギ資源研究の成果と活用．海洋と生物 2016;226: 507—515．
33) 白石芳一. 6．ワカサギ（川本信之編）.「養魚各論」．水産学全集．恒星社厚生閣、東京．1967; 23巻：163—179．
34) 竹内勝巳．渡島大沼におけるワカサギの漁獲量と成長．内水連　1991; 16: 3—4．
35) 宇藤均．網走湖の湖環境変動と漁業生物．陸水学雑誌 1988; 48(4): 293—301．
36) 花里孝幸．特集：地球温暖化と陸水環境　総説　地球温暖化と湖のプランクトン群集．陸水学雑誌 2000; 61: 65—77．
37) 宮本幸太、沢本好宏、河野成美、星河廣樹、花里孝幸．特集ワカサギの資源管理と増殖の実態と課題　[増殖] 温暖化影響対策からみえてきたワカサギの効率的な増殖方法．海洋と生物 2016; 226: 544—548．
38) 細谷和海．キュウリウオ科．日本産魚類検索　第三版．中坊徹次編．東海大学出版会、秦野、2013、pp358—359、1831—1832．
39)Nelson JS、Grande TC、Wilson MVH. Fishes of the World、Fifth Edition. John Wiley & Sons、Inc.、New Jersey、2016．
40) 松原喜代松．魚類の形態と検索．石崎書店、東京、1955．
41) 細谷和海．キュウリウオ科．山渓ハンディ図鑑15　増補改訂　日本の淡水魚．細谷和海編．山と溪谷社、東京、2019、pp240—243．
42)Hamada K. Revision of *Hypomesus olidus* (Pallas) and *Hypomesus japonicus* (Brevoort) of Hokkaido、Japan. Bull. Fisher. Sci. Hokkaido Univ. 1954; 4: 256—267．
43) 上野達治．北海道近海の魚14．アユ・キュウリウオ・ワカサギ・シシャモ・シラウオ類．北水試月報 1966; 23: 118—125．

44)Hamada K. A new osmerid fish、*Hypomesus sakhalinus* new species、obtained from Lake Taraika、Sakhalin. Jpn. J. Ichthyol. 1957; 5: 136—142.

45)McAllister DE. A revision of the smelt family、Osmeridae. Bull. Natl. Mus. Canada、Biol. Ser. 1963; 191: 1—53.

46) 甲斐嘉晃．種概念．魚類学の百科事典．日本魚類学会編．丸善出版、東京、2018、pp18—19.

47)Saruwatari T、López JA、Pietsch TW. A revision of the osmerid genus *Hypomesus* Gill (Teleostei: Salmoniformes)、with the description of a new species from the southern Kuril Islands. Species Diversity 1997; 2: 59—82.

48)Ilves KL、Taylor EB. Are *Hypomesus chishimaensis* and *H. nipponensis* (Osmeridae) distinct species? A molecular assessment using comparative sequence data from five genes. Copeia 2007; 2007: 180—185.

49) 濱田啓吉．ワカサギ—弱いものは強い．日本の淡水生物　侵略と攪乱の生態学．河合禎次・川那部浩哉・水野信彦編．東海大学出版会、東京、1980、pp49—55.

50) 浅見大樹．ワカサギ．新　北の魚たち．上田吉幸・前田圭司・嶋田　宏・鷹見達也編．北海道新聞社、札幌、2003、pp94—99.

51) 佐々木剛．遡河回遊型ワカサギ個体群の教材化と野外生態研究．高校生とともに歩んだ10年．魚類環境生態学入門．猿渡敏郎編．東海大学出版会、秦野、2006、pp262—290.

52)Kai Y、Motomura H. Origins and present distribution of fishes in Japan. Fish Diversity of Japan: Evolution、Zoogeography、and Conservation. Kai Y、Motomura H、Matsuura K eds. Springer Nature、Singapore、2022、pp19—31.

53) 大久保進一、工藤智．電気泳動法によるワカサギとイシカリワカサギの雑種の判別と両種の遺伝的分化．北海道立水産孵化場研究報告1986; 41: 101–109.

54) 武藤卓志．チカ．新　北の魚たち．上田吉幸・前田圭司・嶋田宏・鷹見達也編．北海道新聞社、札幌、2003、pp92—93.

55) 杉山秀樹．八郎潟・八郎湖の魚　干拓から60年、何が起きたのか．秋田魁新報社、秋田、2019.

56) 尼岡邦夫、仲谷一宏、矢部衞．北海道の魚類　全種図鑑．北海道新聞社、札幌、2020.

57)Præbel K、Westgaard JI、Fevolden SE、Christiansen JS. Circumpolar genetic population structure of capelin *Mallotus villosus*. Mar. Ecol. Prog. Ser. 2008; 360: 189–199.

58)Marine Stewardship Council．アイスランドのカラフトシシャモ漁業がMSC認証を取得．https://www.msc.org/jp/what-you-can-do/media-centre/press-releases/アイスランドのカラフトシシャモ漁業がmsc認証を取得、2023年2月18日.

59) 桜井基博、山代昭三、川嶋昭二、尾身東美、阿部晃治．釧路のさかなと漁業．釧路市、釧路、1972.

60) 森泰雄．シシャモ．新　北の魚たち．上田吉幸・前田圭司・嶋田宏・鷹見達也編．北海道新聞社、札幌、2003、pp86—89.

61) 環境省．環境省レッドリスト2020．https://www.env.go.jp/content/900515981.pdf、2023年2月18日.

62) 武藤卓志．キュウリウオ．新　北の魚たち．上田吉幸・前田圭司・嶋田宏・鷹見達也編．北海道新聞社、札幌、2003、pp90—91.

63)Webb JF. Gross morphology and evolution of the mechanoreceptive lateral-line system in teleost fishes. Brain Behav. Evol. 1989; 33: 34—43.

64)Huby A、Parmentier E. Actinopterygians: head、jaws and muscles. Head、Jaws and Muscles: Anatomical、Functional、and Developmental Diversity in Chordate Evolution. Ziermann JM、Diaz Jr. RE、Diogo R eds. Fascinating Life Sciences. Springer、Cham. https://doi.org/10.1007/978-3-319-93560-7_5.

65)Betancur-R R、Wiley EO、Arratia G、Acero A、Bailly N、Miya M、Lecointre G、Ortí G. Phylogenetic classification of bony fishes. BMC Evol. Biol. 2017; 17: 1—40.

66)Nelson JS. Fishes of the World、Third Edition. John Wiley & Sons、Inc.、New Jersey、1994.

67)Wiley EO、Johnson GD. A teleost classification based on monophyletic groups. Origin and Phylogenetic Interrelationships of Teleosts. Nelson JS、Schultze HP、Wilson MVH、eds. Verlag Dr. Friedrich Pfeil、Munich、2010、pp123—182.

68) 宮正樹．新たな魚類大系統—遺伝子で解き明かす魚類3万種の由来と現在．慶應義塾大学出版会、東京、2016.

69)Campbell MA、López JA、Sado T、Miya M. Pike and salmon as sister taxa: detailed intraclade resolution and divergence time estimation of Esociformes+ Salmoniformes based on whole mitochondrial genome sequences. Gene 2013; 530: 57—65.

70) 工藤貴史、王寧、水口憲哉．中国におけるワカサギの資源開発と産地展開．北日本漁業2005; 33. 183—195.

71)Takeshima H、Iguchi K、Nishida M. Unexpected ceiling of genetic differentiation in the control region of the mitochondrial DNA between different subspecies of the Ayu *Plecoglossus altivelis*. Zoolog. Sci 2005; 22: 401—410.

72)Kalayci G、Ozturk RC、Capkin E、Altinok I. Genetic and molecular evidence that brown trout *Salmo trutta* belonging to the Danubian lineage are a single biological species. J. Fish. Biol 2018; 93: 792—804.

73)Yamamoto S. Genetic population structure of Japanese river sculpin *Cottus pollux* (Cottidae) large-egg type、inferred from mitochondrial DNA sequences. J Fish Biol 2019; 94: 325—329.

74)Yamamoto S、Morita K、Kikko T、Kawamura K、Sato S、Gwo JC. Phylogenegraphy of a salmonid fish、masu salmon *Oncoryhnchus masou* subspecies-complex、with disjunct distributions across the temperate northern Pacific. Freshwater Biol. 2020; 65: 698—715.

75) 池田実．DNA 分析で見えてきた内水面移殖の新たな問題．「水産資源の増殖と保全」（北田修一、帰山雅秀、浜崎活幸、谷口順彦編）成山堂書店．東京．2008; 105—127.

76)Saruwatari T、López JA、Pietsch TW. A revision of the osmerid genus *Hypomesus* Gill (Tcleostei: Salmoniformes)、with the description of a new species from the southern Kuril Islands. Spec. Divers. 1997; 2: 59—82.

77)Romanov NS. The morphological variability of the Japanese smelt *Hypomesus nipponensis* McAllister、1963 (Osmeriformes、Osmeridae) from the far east. Rus. J. Mar. Biol. 2022; 4: 238—246.

78) 青柳兵司．日本列島産淡水魚類総説．「ワカサギ」大修館．東京．1957; 56—57.

79) 独立行政法人水産総合研究センター、水産庁．人工種苗放流に係る遺伝的多様性への影響リスクを低減するための技術的な指針.https://www.jfa.maff.go.jp/j/koho/bunyabetsu/pdf/identeki_tayousei_sisin.pdf．2023年11月9日閲覧.

80) 遊磨正秀、嘉田由紀子、中山節子、橋本文華、藤岡和佳、村上宣雄、桐畑長雄、桐畑正弘、桐畑貢、桐畑みか乃、桐畑静香、桐畑博夫．身近な水辺環境における「人–水辺–生物」間の相互作用–滋賀県余呉湖周辺の事例から–．環境技術1998; 27: 289—295.

81) 井上喜平治、竹田文彌．移殖環境の相違による公魚の変異．日本生態学会誌 1955; 5: 56—58.

82) 房玄齢（撰）．西戎．列伝第六十七　四夷．「晋書　八」中華書局．北京．1974; 2537—2545.

83) 李延壽（撰）．列伝第八十五　西域．「北史　一〇」中華書局．北京．1974; 3205—3248.

84) 山本智教．中国印度間の古代の陸路について．密教文化1956; 33:37–23.

引用文献

2章【引用文献】

1) 農林水産省．昭和31年度～令和2年度漁業・養殖業生産統計年報．

2) 白石芳一．ワカサギの水産生物学的ならびに資源学的研究．淡水区水産研究所研究報告1961; 10: 1—263.

3) 井上喜平治、竹田文彌．移殖環境の相違による公魚の変異．日本生態学会誌1955; 5: 56–58.

4) 松本洋典、中村幹雄、山根恭道、向井哲也、安木茂、小川絹代．中海・宍道湖等水産資源管理対策事業　ワカサギ・シラウオ資源生態調査．平成6年度島根県水産試験場事業報告1996; 149–153.

5) 根本孝、根本隆夫．2010年夏季の霞ヶ浦におけるワカサギのへい死の発生とワカサギの生存可能な上限水温の推定．茨城県内水面水産試験場調査研究報告2011; 44: 7—11.

6) 熊丸敦郎．霞ヶ浦における近年のワカサギ資源変動要因について．茨城県内水面水産試験場調査研究報告2003; 38: 1—18.

7) 長野県水産試験場．平成15年度～令和2年度長野県水産試験場事業報告．

8) 岡崎巧、谷沢弘将、古屋清晴、吉田三男．河口湖におけるワカサギ不漁と動物プランクトン相の関係．山梨県水産技術センター事業報告書2017; 44: 30—44.

9) 須藤和彦、中田英昭．芦ノ湖におけるワカサギ資源の変動要因．水産増殖1995; 43: 1—9.

10) 久下敏宏、信澤邦宏、舞田正志．群馬県榛名湖におけるオオクチバスの生息尾数推定と食性．水産増殖2004; 52: 73—80.

11) 河鎭龍、伊澤智博、北野聡、永田貴丸、坂本正樹、花里孝幸．白樺湖における生物操作に伴う移入種オオクチバスの食性変化．陸水学雑誌2015; 76: 193—201.

12) 上島剛．外来魚駆除による美鈴湖のワカサギ釣り場復活．平成26年度長野県水産試験場事業報告2016; 11.

13) 小林智仁、藤田龍之、知野泰明．八郎潟干拓事業の成立過程の変遷について．土木史研究2000; 20: 193—196.

14) 杉山秀樹．八郎潟の干拓にともなう漁業資源の変遷．水環境学会誌2016; 39: 234—237.

15) 平井幸弘．霞ヶ浦の湖岸・沿岸帯における人為的要因による環境変化．第四紀研究2006; 45: 333—345.

16) 秋田県商工水産部水産課．八郎潟漁業経済調査報告書．1953.

17) 国土交通省水文水質データベース．http://www1.river.go.jp/、2022年5月20日．

18) 霞ヶ浦河川事務所ウェブサイト．https://www.ktr.mlit.go.jp/kasumi/、2022年5月20日．

19) 昭和51年度～令和2年度秋田県内水面水産指導所事業報告書・秋田県水産振興センター業務報告書．

20) 国土交通省の生物多様性保全に向けた取組．https://www.mlit.go.jp/sogoseisaku/environment/sosei_environment_fr_000107.html、2023年3月3日．

21) 農林水産省生物多様性戦略．https://www.maff.go.jp/j/kanbo/kankyo/seisaku/c_bd/bds_maff/index.html、2023年3月3日．

22) 5漁場環境の保全・生態系の維持（水産庁）．https://www.jfa.maff.go.jp/j/kikaku/wpaper/r03_h/measure/m_03_5.html、2023年3月3日．

23) 自然環境・生物多様性（環境省）．https://www.env.go.jp/nature/、2023年3月3日．

24) 大本照憲、矢北孝一、福島博文．湧水を伴う湖沼の水平対流と水質特性．水工学論文集2001; 45: 1183—1188.

25) 大槻功．千波湖の水田化．「都市の中の湖」文眞堂、東京、2001; pp117—120.

26) 滋賀県琵琶湖・環境科学研究センターニュース「びわ湖・みらい」創刊号．https://www.lberi.jp/app/webroot/files/03yomu/03-01kankoubutsu/03-01-02biwakomirai/files/biwakomirai1.pdf、2023年3月3日．

27) 高野嘉．随筆・わかさぎ．麻生の文化　第六号．麻生町郷土文化研究会．1974; 33—37.
28) 武鑑全集．http://codh.rois.ac.jp/bukan/、2022年5月4日.
29) 遠藤教之、遠藤由紀子．シリーズ藩物語　守山藩．現代書館、2013.
30) 浅見雅男．「華族誕生」中公文庫1999.
31) 尚学図書．わかさぎ（公魚・若鷺・鰙）「魚の手帖」望月賢二監修．小学館．1991: 4—5.
32) 茨城県．286 文政五年麻生村村役人運上場網引方につき反対願書．「茨城県史料　近世社会経済編II」茨城県．1976.
33) 斎藤文紀、井内美郎、横田節哉．霞ヶ浦の地史：海水準変動に影響された沿岸湖沼環境変遷史．地質学論集1990; 36: 103—118.
34) 井内美郎．霞ヶ浦の歴史．地質ニュース1981年3月号: 59—63.
35) 岡本圭世、池田宏．利根川下流のシルト河床区間の成因．筑波大学陸域環境研究センター報告2000; 1: 35—41.
36) 徳岡隆夫、大西郁夫、高安克巳、三梨昂．中海・宍道湖の地史と環境変化．地質学論集1990; 36: 15—34.
37) 貝原篤信原著．巻之十三．大和本草（1709)．有明書房1975.
38) 吉田東吾．「衣河流海古代（約千年）水脈想定図」利根治水論考、日本歴史地理学会（発行)、三省堂書店（発売)、東京、1910.
39) 国土地理院．https://www.gsi.go.jp/、2023年3月17日.
40) 明鏡国語辞典．株式会社大修館書店．2003.
41) 茨城の水産　昭和7年．茨城県水産試験場．1932; 45—47.（水産研究・教育機構　図書資料館所蔵）
42) 山本正三、田林明、市南文一．霞ヶ浦における養殖漁業の発展 – 玉造町手賀新田の例 –．霞ヶ浦地域研究報告1979; 55—92.
43) 田草川善助．霞ヶ浦の帆曳網漁船．海事史研究1985; 42: 37—47.
44) 茨城県霞ヶ浦北浦漁業基本調査報告　第一巻．茨城県水産試験場．1912.（水産研究・教育機構　図書資料館　所蔵）
45) 津田勉、浜田篤信、加瀬林成夫．霞ヶ浦におけるワカサギ資源について（概報)．1967．茨城県霞ヶ浦北浦水産事務所調査研究報告第9号: 1—8.
46) 農林水産省．昭和31年度～令和2年度漁業・養殖業生産統計年報.
47) 帆引き船 秋田県八郎潟に伝わる．かすみがうら市．https://www.city.kasumigaura.lg.jp/page/page002242.html、2022年5月13日.
48) 潟の民俗展示室．潟上市．https://www.city.katagami.lg.jp/soshiki/kyoikuiinkai_kyoiku/bunkasport/shakaikyoiku/bunkazai/523.html、2022年5月15日.
49) 小林茂樹．諏訪湖の漁具と漁法．下諏訪町博物館．諏訪郡下諏訪町1974.
50) 吉田睦．本邦における氷下（こおりした）漁撈（概論)．千葉大学人文研究2015; 135—173.
51) 鳥澤雅．網走湖における氷下ひき網漁法．北水試だより2003; 60: 20—24.
52) 児玉英逸、小西一三、小西由紀子．「八郎潟　潟語り」（鈴木道雄編）自性院、潟上市．2019.
53) 明鏡国語辞典．株式会社大修館書店．2003.
54) 上田勝彦．ワカサギの唐揚げ．「ウエカツの目からウロコの魚料理」東京書籍株式会社、東京．2014; 109.
55) 粟屋充．榛名、湖畔亭のワカサギ丼．「魚・さかな・肴」旺文社文庫、東京．1985; 49—57.
56) 大阪あべの辻調理師専門学校編．「料理材料の基礎知識」新潮文庫、新潮社、東京、1989.
57) 末広恭雄．「魚の博物事典」講談社学術文庫1989; 540—541.
58) 大浜秀規．富士五湖におけるワカサギ漁業および遊漁の実態．海洋と生物2016; 226: 502—506.

59) 第5章　食べものとくらし．第1節　普段の食事．六　食材の調達．「麻生町史　民俗編」麻生町教育委員会、行方郡麻生町．2001．

60)NEWS つくば2019年8月28日号．https://newstsukuba.jp/?post_type=column&p=17764、2022年5月5日．

61) 宍道湖七珍．しまね観光ナビ．https://www.kankou-shimane.com/destination/20527、2022年5月4日．

62) 隼野寛史、佐藤一、眞野修一．網走湖におけるワカサギの資源監視型漁業．海洋と生物2016; 226: 490—495．

63) 工藤貴史、王寧、水口憲哉．中国におけるワカサギの資源開発と産地展開．北日本漁業2005; 33. 183—195．

64) 池田実．DNA 分析で見えてきた内水面移殖の新たな問題．「水産資源の増殖と保全」（北田修一、帰山雅秀、浜崎活幸、谷口順彦編）成山堂書店．東京．2008; 105—127．

65)Chai Q、Chai F、Yu T、Ju Y、Yu H. Current development and prospects of pond smelt (*Hypomesus olidus*) farming industry in China. Asian Agricultural Research 2018; 10: 62—67.

66) 茨城県「霞ヶ浦北浦の水産」．https://www.pref.ibaraki.jp/nourinsuisan/kasui/shinko/kasumigaurakitauranosuisan.html、2022年8月24日．

67) しまね観光ナビ．https://www.kankou-shimane.com/、2022年12月20日．

68) 丸山鋼二．モンゴル帝国期東トルキスタンの宗教－新疆イスラム教小史2－．文教大学国際学部紀要．2008; 19: 139—156．

69) 房玄齢（撰）．西戎．列伝第六十七　四夷．「晋書　八」中華書局．北京．1974; 2537—2545．

70) 旗手瞳．吐蕃による吐谷渾支配とガル氏．史学雑誌2014; 123: 38—63．

71) 白鳥庫吉．大宛国考．東洋学報1916; 6: 1—73．

72) 宮崎市定．条支と大秦と西海．東西交渉史論．礪波護編．中公文庫．中央公論社．東京．1998; 69—114．

73) 熊丸敦郎．霞ヶ浦における近年のワカサギ資源変動要因について．茨城内水試調研報2003; 38: 1—18．

74) 井塚隆．冷蔵保存したワカサギ精巣精子の運動能と受精能の検討．神水研研報2003; 8: 13—16．

75) 高橋一孝．ワカサギの粗放的な種苗生産について（短報）．平成23年度山梨県水産技術センター事業報告書2013; 40: 14—15．

76) 橘川宗彦、大場基夫、工藤盛徳．粘着性除去したワカサギ卵の孵化器による孵化管理．水産増殖2006; 54: 231—236．

77) 結城陽介．芦ノ湖におけるワカサギ増殖の軌跡と将来について．海洋と生物2016; 226: 538—543．

78) 井塚隆．第10章　ワカサギ．「水産増養殖システム2　淡水魚」（隆島史夫、村井衛編）恒星社厚生閣、東京、2005．

79)Kashiwagi M、Iwai T、Lopes ANG. Effects of temperature and salinity on egg hatch of the pond smelt *Hypmesus olidus*. Bull. Fac. Bioresources、Mie Univ. 1988; 1: 7—13.

80)Sato R. Larval development of the pond smelt、*Hypomesus olidus* (Pallas) Tohoku J. Agricult. Res. 1952;2:41—48.

81) 岩井寿夫・田中秀具．ワカサギ稚仔の初期飼育について．水産増殖1989; 37: 49—55．

82)「栽培漁業の変遷と技術開発」（有滝真人・虫明敬一編）恒星社厚生閣、東京、2021．

83) 山本義久．水産増養殖での閉鎖循環飼育システムの展開．日本海水学会誌2015; 69: 225—237．

84) 田中克．仔魚の消化系の構造と機能に関する研究Ⅰ．魚類学雑誌1969; 16: 1—9．

85) 代田昭彦．魚類稚仔期の口径に関する研究．日水誌1970; 36: 353—368．

86)Hagiwara A、Suga K、Akazawa A、Kotani T、Sakakura Y. Development of rotifer strains with useful traits for rearing fish larvae. Aquaculture 2007; 268: 1—4.

87) 増田賢嗣、宮本幸太. ワムシと配合飼料のみによるワカサギ初期飼育. 水産増殖 2020; 68: 327—335.

88) 小磯雅彦、手塚信弘、榮健次. 国内の種苗生産機関で利用されている主要なシオミズツボワムシ複合種6株の異なる水温と塩分での日間増殖率. 水産増殖 2013; 1: 1—7.

89) 長谷川大輔、小野信一、原日出夫. ワカサギの成長に伴う胸腺の発達と胸腺に及ぼす飼育水温の影響.「海–自然と文化」東海大学紀要海洋学部 2005; 3: 33—45.

90)Masuda Y、Miyamoto K、Sekine S. Recirculation rate of rearing water affects growth of Japanese smelt *Hypomesus nipponensis* larvae. Fish. Sci. 2023; 89: 53—60.

91) 関野遼、大森健策、山本天誠、荒山和則、加納光樹. 霞ヶ浦産のごた煮干しに含まれる魚類・エビ類の種組成. 伊豆沼・内沼研究報告 2019; 13: 75—83.

92) 農林水産省. 養殖業成長産業化総合戦略. 2021. https://www.jfa.maff.go.jp/j/saibai/yousyoku/seityou_senryaku.html、2024年3月4日.

93) 中添純一. 4–1–5 養殖生産の特色. 水産大百科事典. 独立行政法人　水産総合研究センター編. 朝倉書店、東京、2006、pp291—293.

94)「水産海洋ハンドブック」(竹内俊郎、中田英明、和田時夫、上田宏、有元貴文、渡部終五、中前明編) 生物研究社、東京、2004、pp305.

3章【引用文献】

1) 2018年漁業センサス. 農林水産省. https://www.maff.go.jp/j/tokei/census/fc/2018/2018fc.html、2024年1月20日.

2) 2013年漁業センサス. 農林水産省. https://www.maff.go.jp/j/tokei/census/fc/2013/2013fc.html、2024年1月20日.

3) 郡千釣.「楽!ワカサギ釣り」新風社、東京、2007; 1—204.

4) 大浜秀規. 富士五湖におけるワカサギ漁業および遊漁の実態. 海洋と生物 2016; 226: 502—506.

5) 藍憲一郎. 千葉県高滝湖 (人工湖) におけるワカサギ遊漁実態. 海洋と生物 2016; 226: 496—501.

6) 星河廣樹、澤本良宏. 第4章　ワカサギ遊漁の振興策の検討—長野県水産試験場の調査— (2018年度). 水産振興ウェブ版 2021; 627:https://lib.suisan-shinkou.or.jp/ssw627/ssw627-08.html、2024年1月20日.

7) 落合明、田中克.「新版　魚類学(下)　改訂版」恒星社厚生閣、東京、1998; 477—483.

8) 熊丸敦郎. 霞ヶ浦における近年のワカサギ資源変動要因について. 茨城県内水面水産試験場調査研究報告 2003; 38: 1—18.

9) 根本孝、根本隆夫. 2011年夏季の霞ヶ浦におけるワカサギのへい死の発生とワカサギの生存可能な上限水温の推定. 茨城県内水面水産試験場研究報告 2011; 44: 7—11.

10) (公社) 日本水産資源保護協会.「水産用水基準第8版 (2018年版)」、東京、2018; 26—28.

11) 久下敏宏. 群馬県におけるワカサギの増殖に関する研究. 東京水産大学大学院博士論文 2005; 1—162.

12) 久下敏宏、薩美賢策、垣田誉志史、清水延浩、信沢邦宏. 榛名湖ワカサギ資源調査–II. 群馬県水産試験場研究報告 2002; 8: 36—49.

13) 近藤智子、濱田浩美. 群馬県赤城大沼における湖沼学的研究. 千葉大学教育学部研究紀要 2011; 59: 319—332.

14) 山口香織．榛名湖および周辺地域の水文環境に関する地理学的研究一水温・水質鉛直分布の季節変化を中心に一．水文地理学研究報告 2002; 6: 1—16.

15) 岡崎巧、谷沢弘将、古屋清治、吉田三男．河口湖におけるワカサギ不漁と動物プランクトン相の関係．海洋と生物 2016; 226: 523—531.

16) 久下敏宏．ワカサギの食性に迫る　空バリでなぜ釣れる?．つり人 2017; 857: 64—65.

17) ワカサギの大きさと呼び名：青木旅館．https://www.aokiryokan.co.jp/ ワカサギの大きさと呼び名/、2024年1月20日.

18) ワカサギ博士のワカサギ洋風フライパン（蒸し）焼き　他にワカサギご飯と甘露煮も：青木旅館．https://www.aokiryokan.co.jp/ ワカサギ博士のワカサギ洋風フライパン（蒸し）/、2024年1月20日.

19) わかさぎ博士の新メニュー　わかさぎ茶漬けなどお試しください。　過去のレシピも掲載しました。：青木旅館．https://www.aokiryokan.co.jp/ わかさぎ博士の新メニュー/、2024年1月20日.

20) 中村智幸、久保田仁志、山口光太郎、坪井潤一、星河廣樹．内水面3魚種（アユ・渓流魚・ワカサギ）の遊漁の実態．水産振興 2019; 613: 1—92.

21) 松田圭史、中村智幸、増田賢嗣、関根信太郎．2010年度と2017年度の内水面漁協の正組合員数、収入額、支出額、当期剰余・損失金額の頻度分布．水産技術 2021; 14: 15—19.

22) 上島剛、星河廣樹、松澤峻、山本聡、沢本良宏．アンケート調査からみた美鈴湖におけるワカサギ釣りの実態と経済波及効果．日水誌 2018; 84: 711—719.

23) 中村永介、岡本一利、今吉清文、海野高治．静岡県内浦湾沿岸におけるアオリイカの遊漁実態と釣獲量の推定．水産技術 2015; 7: 59—68.

24) 釣西太公魚．日本政府観光局．https://www.japan.travel/tw/sports/snow/snow-travel/wakasagi-fishing/、2022年6月9日.

25) 上島剛．外来魚駆除による美鈴湖のワカサギ釣り場復活．平成26年度長野県水産試験場事業報告 2016; 11.

26) 増田賢嗣、中村智幸、関根信太郎、松田圭史．日本の内水面における年少期の釣り経験．水産増殖 2022; 70: 141—148.

27) 高村典子．ワカサギの侵入で透明度が悪化した十和田湖．「淡水生物の保全生態学」（森誠一編）信山社サイテック、東京．1999; 204—212.

28) 小林茂樹．諏訪湖の放流と養殖．「諏訪湖の漁具と漁法」下諏訪町博物館．諏訪郡下諏訪町 1974. pp163—183.

29) 稲葉伝三郎．「淡水増殖学」恒星社厚生閣、東京、1961; 246—253.

30) 橘川宗彦、大場基夫、廣瀬一美、廣瀬慶二．芦ノ湖におけるワカサギの水槽内自然産卵法による効率的採卵．水産増殖 2003; 51: 401—405.

31) 橘川宗彦、大場基夫、工藤盛徳．粘着性除去したワカサギ卵の孵化器による孵化管理．水産増殖 2006; 54: 231—236.

32) 結城陽介．芦ノ湖におけるワカサギ増殖の軌跡と将来について．海洋と生物 2016; 226: 538—543.

33) 名倉盾．ワカサギ卵需要量調査．山梨県水産技術センター事業報告書 2019; 46: 108—112.

34) ワカサギの人工孵化：網走市．https://www.city.abashiri.hokkaido.jp/380suisangyo/020suisanngakusyuu/020tyuukyuu/040sodateru/030wakasagi_huka/、2024年1月20日.

35) 森本晴之．「卵質．魚類の初期減耗研究（田中克・渡邊良朗編）」、恒星社厚生閣、東京、1994; 83—96.

36) 木村量．「飢餓．魚類の初期減耗研究（田中克・渡邊良朗編）」、恒星社厚生閣、東京、1994; 47—59.

37) 中田英昭．「輸送．魚類の初期減耗研究（田中克・渡邊良朗編）」、恒星社厚生閣、東京、1994; 72—82.

38) 山下洋．「被食．魚類の初期減耗研究（田中克・渡邊良朗編）」、恒星社厚生閣、東京、1994; 60—71.

39) 鳥澤雅．網走湖産ワカサギの生活史多型分岐と資源変動機構．北海道立水産試験場研究報告 1999; 56: 1—117.

40) 浅見大樹．網走湖産ワカサギの初期生活に関する生態学的研究．北海道立水産試験場研究報告 2004; 67: 1—79.

41) 久下敏宏．群馬県におけるワカサギの増殖に関する研究．群馬県水産試験場研究報告 2006; 12 別冊: 1—128.

42) 久下敏宏．群馬県におけるワカサギ増殖の課題と問題点．海洋と生物 2016; 226: 532—537.

43) 虎尾充．網走湖産ワカサギ、*Hypomesus nipponensis* の生活史に関する発育段階的研究．東京農業大学大学院博士論文 2001; 1—145.

44) 虎尾充．ワカサギ孵化仔魚の絶食耐性および網走湖流入河川からの流下生態．北海道立水産試験場研究報告 2012; 82: 33—40.

45) 塚本勝巳．「減耗．水族繁殖学（隆島史夫・羽生功編）」緑書房、東京、1989; 255—260.

46) 久下敏宏、中野亜木子．ワカサギ増殖における初期生残率向上に関する試験（ふ化期間、仔魚の流出降下および落下衝撃）．群馬県水産試験場研究報告 2000; 6: 25—30.

47) 岩井寿夫、柘植隆行．ワカサギ孵化仔魚の生残・成長に及ぼす給餌開始時期の影響．水産増殖 1986; 34: 103—06.

48) 井塚隆．ワカサギ資源対策研究．平成 15 年度神奈川県水産総合研究所業務概要 2004; 50—51.

49) 山﨑哲也．ワカサギの種苗生産技術の改善－新たな増殖技術に向けて－．北水試だより 2021; 103: 5—8.

50) 久下敏宏、信澤邦宏、舞田正志．群馬県榛名湖におけるオオクチバスの生息尾数推定と食性．水産増殖 2004; 52: 73—80.

51) 小西浩司、信沢邦宏．ワカサギの再生産と資源管理－Ⅰ（赤城大沼、榛名湖、神流湖における再生産状況と増殖方法）．群馬県水産試験場研究報告 1996 a; 2: 76—79.

52) 小西浩司、信沢邦宏．ワカサギの再生産と資源管理－Ⅱ（丹生湖における産卵状況と増殖方法）．群馬県水産試験場研究報告 1996 b; 2: 80—82.

53) 白石芳一．諏訪湖産ワカサギ（*Hypomesus olidus*）の標識による産卵移動調査並びに遡河の生態に就いて．淡水区水産研究所研究報告 1952; 1 (1): 26—41.

54) 白石芳一、徳永英松．相模湖におけるワカサギの産卵環境について．淡水区水産研究所研究報告 1958; 8 (1): 33—43.

55) 鳥澤雅．網走湖産ワカサギの生活史多型分岐と資源変動機構．北海道立水産試験場研究報告 1999; 56: 1—117.

56) 中村智幸、渡邊精一．利根川水系鬼怒川におけるワカサギの産卵場所の立地条件．水産増殖 2001; 49: 507—508.

57) 川島隆寿．宍道湖におけるワカサギの生態について．全国湖沼河川養殖研究会第 60 回大会要録 1987; 114—120.

58) 片山知史．小川原湖のワカサギ個体群に関する資源生態学的研究．東北大学博士論文 1996; 1—171.

59) 矢口正直．霞ヶ浦におけるワカサギの漁業生物学的研究－Ⅱ　ワカサギの産卵場について．茨城県霞ヶ浦北浦水産振興場調査研究報告 1956; 1: 29—32.

60) 桐生透、芳賀稔、高橋一孝．河口湖におけるワカサギの産卵に関する調査－Ⅰ．昭和 51 年度山梨県魚苗センター事業報告書 1978; 5: 49—59.

61) 佐々木剛．岩手県閉伊川における *Hypomesus nipponensis* の生物資源学的研究．東京水産大学博士論文 2003; 1—195.

62) 浅見大樹．網走湖産ワカサギの初期生活に関する生態学的研究．北海道立水産試験場研究報告 2004; 67: 1—79.

63）名倉盾．天然色素を用いたワカサギ耳石標識技術の開発及び放流効果検証試験．山梨県水産技術センター事業報告書2022；49：78―80．
64）星河廣樹、落合一彦、降幡充．天然色素を用いたワカサギ標識技術開発－IV．長野県水産試験場事業報告2022；21：32．
65）大浜秀規．耳石輪紋によるワカサギの日齢査定．日本水産学会誌1990；56：1053―1057．
66）麦谷泰雄．「魚類耳石の日周形成リズム．水産動物の日周活動（羽生功・田畑満生編）」恒星社厚生閣、東京、1988：35―46．
67）隼野寛史、佐藤一、眞野修一．網走湖におけるワカサギの資源監視型漁業．海洋と生物2016；226：490―495．
68）所史隆．近年の霞ヶ浦におけるワカサギ資源研究の成果と活用．海洋と生物2016；226：507―515．
69）荒山和則．霞ヶ浦北浦におけるトロール漁業の解禁前調査に基づくワカサギ漁模様予測．茨城県内水面水産試験場調査研究報告2010；43：27―36．
70）星河廣樹、沢本良宏、河野成実．長野県におけるワカサギの資源管理と課題．海洋と生物2016；226：516―522．
71）信沢邦宏、小西浩司．群馬県内各湖沼のワカサギ資源の実態と管理法．群馬県水産試験場研究報告1996；2：14―37．
72）久下敏宏、清水延浩、松井資元、薩美賢策．榛名湖ワカサギ資源調査．群馬県水産試験場研究報告1998；4：35―44．
73）久下敏宏、中野亜木子、吉沢和倶．漁場環境基礎調査－ＸＸＶ（丹生湖）．群馬県水産試験場研究報告2000；6：3―9．
74）田中明広、浅枝隆．浅い人工池沼における枝角類群集組成の変動とそれが水質に及ぼす影響について．陸水学雑誌2002；63：189―199．

4章 【引用文献・参考文献】

北海道

1）白石芳一．ワカサギの水産生物学的ならびに資源学的研究．淡水区水産研究所研究報告 1961;10 (3) :1―263．
2）鳥澤雅．網走湖における氷下ひき網漁法．北水試だより．2003;60：20―24．
3）鳥澤雅．網走湖産ワカサギの生活史多型分岐と資源変動機構．北水試研報．1999;56:1―117．
4）阿寒町．阿寒町史．1966年．p658．
5）五十嵐聖貴、石川靖、三上秀敏．阿寒湖の陸水学的特徴とその変遷．2000;34―54．
6）隼野寛史、佐藤一、眞野修一．網走湖におけるワカサギの資源監視型漁業．海洋と生物2016；226：490―495．

青森県

7）片山知史．小川原湖のワカサギ個体群に関する資源生態学的研究．東北大学博士論文1996;43-58．
8）十和田湖の生態系管理に向けて．環境庁国立環境研究所研究報告第146号.1999;2．
《参考文献》
小川原湖漁業協同組合40周年記念誌「小川原湖と漁業協同組合の歩み」.1990年12月25日発行
小川原湖漁業協同組合通常総会資料（1989～2021）
十和田湖増殖漁業協同組合業務報告書（1968～2021）

秋田県水産振興センター事業報告書
（地独）青森県産業技術センター内水面研究所事業報告書

秋田県

9) 農林水産省．内水面漁業生産統計調査．URL https: //www.maff.go.jp/j/tokei/kouhyou/naisui_gyosei/、2022年5月9日閲覧．
10) 秋田県教育センター．干拓後の八郎潟とその周辺地域の変容 1989；1pp.
11) 東北農政局秋田統計情報事務所．昭和25年度～平成14年度秋田県漁業の動き．
12) 秋田県農林水産部水産漁港課調べ．
13) 秋田県農政部水産課．秋田県の漁具漁法 1978；190pp.
14) 秋田県教育委員会．八郎潟漁ろう用具図譜 1969；15pp.
15) 安田定則．八郎潟は心のふるさと．オーエム，大阪．2017；1—209．
16) 白石芳一．ワカサギの水産生物学ならびに資源学的研究．淡水区水産研究所研究報告 1961；10：1-263．
17) 藤川祐司、片山知史．宍道湖，中海におけるワカサギの産卵場と産卵期．水産増殖 2014；62:375—384．
18) 高田芳博、山田潤一．シジミなど湖沼河川の水産資源の維持，管理，活用に関する研究（ワカサギ，シラウオ等資源調査）．平成27年度秋田県水産振興センター業務報告書 2016；143—152．

茨城県

19) 茨城県生活環境部霞ヶ浦対策課．霞ヶ浦学入門 第2版（2005年版）2005;2—3．
20) いばらき魚顔帳編纂委員会．いばらき魚顔帳 - 湖と川の魚たち -，茨城県内水面水産試験場，茨城県・2011;79—81．
21) 霞ヶ浦北浦の水産（令和3年10月），霞ヶ浦北浦水産事務所2021;24．
https://www.pref.ibaraki.jp/nourinsuisan/kasui/shinko/kasumigaurakitauranosuisan.html、2022年8月1日．
22) 茨城県内水面水産試験場．霞ヶ浦北浦・魚をめぐるサイエンス 2006年,1．
23) 国指定無形文化財等データベース，文化庁．
https://kunishitei.bunka.go.jp/heritage/detail/312/00000953、2022年8月1日．
24) 茨城縣公魚養殖誌，出版年不詳（大正年代に書かれたと思われる）;51．
25)「水産茨城の歩み」編纂委員会．水産茨城の歩み1990;537.

群馬県

26)2018年漁業センサス〈第7巻〉内水面漁業に関する統計.
27)2013年漁業センサス〈第7巻〉内水面漁業に関する統計.
28) 群馬県におけるワカサギの増殖に関する研究　久下敏宏　東京水産大学大学院平成17年度博士学位論文(2005).

神奈川県

29) 橘川宗彦、大場基夫、工藤盛徳．粘着性除去したワカサギ卵の孵化器による孵化管理．水産増殖学会誌2006；54（2）：231-236．
30) 大山正雄．箱根火山地域の水文環境を訪ねて．日本水文科学会誌2018；48：107—117．
31) 結城陽介．芦ノ湖におけるワカサギ増殖の軌跡と将来について．海洋と生物2016；226：538—543．
32) 須藤和彦、中田英昭．芦ノ湖におけるワカサギ資源の変動要因．水産増殖1995；43（1）：1-9．

33) 山口一彦、中村智幸、丸山隆. 人工湖における降湖型サクラマス*Oncorhynchus masou masou* の天然魚と放流魚の年齢組成, 性比, 成長, 食性; 水産増殖 2000; 48 (4): 615—622.

山梨県

34) 田中正明.「日本湖沼誌」名古屋大学出版会, 名古屋. 1992.
35) 高橋一孝. 富士五湖と四尾連湖の生息魚類の変遷. 山梨県水産技術センター事業報告書 1998; 26: 57—80.
36) 寺田重雄.「甲斐の魚」山梨県水産研究会, 山梨. 1955.
37) 大浜秀規. ブラックバスと内水面漁場管理－山梨県を例にして.「川と湖沼の侵略者 ブラックバス－その生物学と生態系への影響」(日本魚類学会自然保護委員会編) 恒星社厚生閣, 東京. 2002; 87—98.
38) 岡崎巧、谷沢弘将、古屋清晴、吉田三男. 河口湖におけるワカサギ不漁と動物プランクトン相の関係. 山梨県水産技術センター事業報告書 2017; 44: 30—44.

長野県

39) 上島剛:外来魚駆除による美鈴湖のワカサギ釣り場復活. 平成26年度長野県水産試験場事業報告, p.11, 2016.
40) 星河廣樹、澤本良宏. 第4章 ワカサギ遊漁の振興策の検討—長野県水産試験場の調査— (2018年度). 水産振興ウェブ版 2021; 627:https://lib.suisan-shinkou.or.jp/ssw627/ssw627-08.html、2022年7月21日.

滋賀県

41) 古川優、粟野圭一. 水棲生物の移植記録(資料), 滋賀県水産試験場研究報告 1969;22:245—250.
42) 滋賀県水産試験場. 公魚卵孵化放流事業(一年目), 昭和13年度滋賀県水産試験場事業報告 1940;26—27.
43) 滋賀県水産試験場. 公魚卵孵化放流事業(二年目), 昭和14年度滋賀県水産試験場事業報告 1941;23—24.
44) 滋賀県水産試験場. 公魚移植試験, 大正6年度滋賀県水産試験場報告 1919;60—62.
45) 滋賀県水産試験場. 公魚移植試験, 大正7年度滋賀県水産試験場報告 1920;37—40.
46) 近畿農政局滋賀統計情報事務所. 水産業累年統計書(昭和22年～52年)第1集 1979;22—23.
47) 山村金之助. 余呉湖の魚貝, びわ湖の漁撈生活 琵琶湖総合開発地域民族文化財特別調査報告書 1, (滋賀県教育委員会)1978;339—345.
48) 井出充彦、山中治. 琵琶湖で増加したワカサギの特性, 滋賀県水産試験場研究報告 1998;47:11—16.
49) 根本孝. 霞ヶ浦・北浦における成長の異なるワカサギ2魚群の存在について－I－体長組成からみたふ化時期の推定－, 茨城県内水面水産試験場研究報告 1993;29:13—27.
50) 滋賀県水産試験場. ワカサギの消化管内容物組成とアユ仔魚の食害状況, 平成8年度滋賀県水産試験場事業報告 1997;53—54.
51) 井出充彦、山中治、片岡佳孝. 琵琶湖流入河川でのワカサギの産卵状況と特性, 滋賀県水産試験場研究報告 2002;49:39—49.
52) 滋賀県水産試験場. ワカサギの仔稚魚の分布状況, 平成7年度滋賀県水産試験場事業報告 1996;61—62.
53) 滋賀県水産試験場. 食性から推測したワカサギと他魚種との関係, 平成9年度滋賀県水産試験場事業報告 1998;44—45.

54) 滋賀県水産試験場．長期的な視点で見たアユ資源と餌料環境の変動傾向，令和元年度滋賀県水産試験所湯事業報告2021;65.
55) 滋賀県水産試験場．II追加調査結果1．従来琵琶湖に生息していなかった魚類の採捕記録，平成6～7年度琵琶湖および河川の魚類等の生息状況調査報告書1996;134—135.

島根県

56) 農林水産省．昭和37年～令和3年漁業・養殖業生産統計年報．
57) 熊丸敦郎．霞ヶ浦における近年のワカサギ資源変動要因について．茨城県内水面水産試験場研究報告2003；38：1—18.
58) 根本孝、根本隆夫．2010年夏季の霞ヶ浦におけるワカサギのへい死の発生とワカサギの生存可能な上限水温の推定．茨城県内水面水産試験場研究報告2011；44：7—11.
59) 藤川裕司、森山 勝、大北晋也．宍道湖・中海水産振興対策検討調査事業　有用水産動物生態調査(ワカサギ、シラウオ)．平成13年度島根県内水面水産試験場事業報告2003：;95—111.
60) 安木茂、山根恭道、向井哲也、松本洋典、中村幹雄、柏田祥策．中海・宍道湖漁場環境基礎調査　定期観測基礎調査．島根県水産試験場平成6年度（1994）事業報告1996;190—199：238—246.
61) 中村幹雄、橘宣三、狩野武俊．宍道湖環境基礎調査－I　宍道湖の水質について．島根県水産試験場昭和53年度（1978）事業報告1980;160—166.
62) 山本孝二、後藤悦郎、中村幹雄．中海・宍道湖漁場環境基礎調査　定期観測基礎調査．島根県水産試験場昭和58年度（1983）事業報告1985;174—194.
63) 山本孝二、小川絹代．宍道湖におけるワカサギ・シラウオの漁獲と成長について．島根県水産試験場昭和59年度（1984）事業報告1986;155—162.
64) 川島隆寿、山根恭道、森脇晋平．中海・宍道湖水域特産資源管理対策事業　ワカサギ・シラウオ資源調査．島根県水産試験場平成2年度（1990）事業報告1992;178—183.
65) 水産庁．内水面漁具・漁法図説．32島根県1996；737—764.
66) 太田直行．島根民藝録・出雲新風土記　行事の巻・味覚の巻．冬夏書房1987;295—297.

佐賀県

67) 田島正敏．ワカサギ「佐賀県の淡水魚」佐賀新聞社，佐賀．1995；67.

著者略歴

編著者（1章、2章、3章）

増田賢嗣　ますだ・よしつぐ

国立研究開発法人水産研究・教育機構　水産技術研究所　神栖拠点業務推進チーム長。博士（医学）

1974年生まれ。神奈川県出身。東京大学法学部卒。東京大学大学院医学系研究科博士課程修了。これまでにウナギやワカサギの仔魚飼育の研究に取り組んできました。趣味の弓道は転勤のお伴。本書ではワカサギの文化的側面をお伝えし、読者の皆様が未来を考える一助になればと思います。

1章

浅見大樹　あさみ・ひろき

（地独）北海道立総合研究機構　さけます・内水面水産試験場　内水面資源部長を経て退職。現在、主査（再任用）。博士（水産科学）。

1961年生まれ。青森県出身。北海道大学大学院水産科学研究科環境生物資源科学専攻博士課程終了。これまで主に、ワカサギ、サケ、サクラマスなどの資源や生態と動物プランクトンとの関係をテーマに研究を行ってきました。まだまだ謎の多いワカサギ。これから、どんな新発見があるか楽しみです。

甲斐嘉晃　かい・よしあき

京都大学　フィールド科学教育研究センター　舞鶴水産実験所　准教授。博士（農学）

1977年生まれ。兵庫県出身。京都大学大学院農学研究科博士課程修了。専門は魚類の分類学・系統学・形態学で、これまでにマトウダイ類、メバル類、カジカ類などさまざまな分類群を扱ってきました。この本では多様な魚類の中でワカサギがどのような特徴を持つかを解説しました。魚類としてのワカサギの面白さを感じて頂ければ幸いです。

3章

久下敏宏　くげ・としひろ

久下水産技術士事務所　所長。博士（水産学）
東京都出身。東京水産大学（現：東京海洋大学）大学院水産学研究科資源育成学専攻博士課程修了。群馬県水産試験場でワカサギの増養殖研究に30年近く取り組む。博士論文は「群馬県におけるワカサギの増殖に関する研究」。2022年の釣行日数は80日で、ワカサギは赤城大沼や神流湖で30日以上、ヤマメやアユは利根川や渡良瀬川で夫々30日以上と15日以上。知見と釣果は比例せず。
研究者情報：https://researchmap.jp/cfq10230

4章

真野修一　まの・しゅういち

（地独）北海道立総合研究機構　さけます・内水面水産試験場　内水面資源部　主任主査（育種技術）
1965年生まれ。静岡県出身。北海道大学大学院水産学研究科博士後期課程中退。サケマス類の増養殖に関する業務、ワカサギ、シジミなど内水面魚種の資源、増殖に関する業務に15年ほどずつ携わってきました。「ワカサギに学ぶ会」には第14回以降毎回参加しています。10年ほど前に一度だけ網走湖でワカサギ釣りをしたのですが周りの人は釣れていたのに私は1匹も釣れませんでした。定年退職したら全国のワカサギ、シジミの産地巡りをしてみたいです。

髙橋進吾　たかはし・しんご

（地独）青森県産業技術センター内水面研究所　養殖技術部長
内水面ではこれまで十和田湖（ヒメマス、ワカサギ）や小川原湖（ワカサギ、シラウオ）の資源対策調査に取り組む。

鳴海一侑　なるみ・かずゆき

（地独）青森県産業技術センター内水面研究所　研究員
1989年生まれ。青森県出身。青い森 紅サーモンの生産力強化や小川原湖のワカサギ、シラウオの資源対策調査に取り組む。

高田芳博　たかだ・よしひろ

秋田県水産振興センター　資源部　上席研究員

1968年生まれ。秋田県出身。北海道大学大学院水産学研究科修士課程修了。八郎湖でワカサギ、シラウオ、シジミなど水産資源の調査研究を行う。

髙濱優太　たかはま・ゆうた

茨城県水産試験場内水面支場　技師

1990年生まれ。茨城県出身。東京海洋大学海洋科学部卒業。中高一貫校で理科講師を勤め、その後茨城県に入庁。これまでに霞ヶ浦・北浦におけるワカサギ、シラウオ、テナガエビのほか、久慈川・那珂川におけるアユの資源動態に関する研究に取り組む。趣味は魚･虫採集。最近は図鑑アプリが面白くて、子供の頃以上に生き物を探しに行っています。

鈴木紘子　すずき・ひろこ

群馬県水産試験場　主任

群馬県出身。東京水産大学（現：東京海洋大学）水産学部卒。温水性魚類の養殖技術やヤリタナゴなど希少魚の研究に取り組む。ワカサギは、卵管理指導や漁場環境調査研究を行う。

本多 聡　ほんだ・そう

神奈川県水産技術センター内水面試験場　技師

1994年生まれ。神奈川県出身。東京海洋大学大学院　海洋生命資源科学専攻　博士前期課程修了。芦ノ湖における動物プランクトンとワカサギの産卵場調査、丹沢におけるヤマメの生息調査や放流試験、ホトケドジョウの種苗生産を担当しています。

岡崎 巧　おかざき・たくみ

山梨県水産技術センター　研究管理幹

1967年生まれ。神奈川県出身。東京水産大学（現東京海洋大学）大学院博士前期課程修了。これまでにアユの種苗生産、渓流魚の生息環境復元、ワカサギ不漁原因の究明、クニマス養殖技術に関する研究などに取り組む。

松澤 峻　まつざわ・しゅん

長野県水産試験場諏訪支場　技師

1992年生まれ。長野県出身。長崎大学水産学部卒業。諏訪湖でワカサギの調査研究を行う。今回の執筆を機にワカサギ釣りを始めました。

井出充彦　いで・あつひこ

滋賀県水産試験場　次長

1965年大阪市生まれ。近畿大学農学部水産学科卒業後、水産庁に入庁。配属先の北海道で4年間外国漁船取締り等に従事。その後、滋賀県に転職。水産試験場配属時には、主に外来魚駆除技術開発を担当。1994年から数年間、琵琶湖で急増したワカサギの調査を行い、繁殖を確認した。在来漁獲対象魚種との関係についてお伝えできればと思います。

福井克也　ふくい・かつや

島根県水産技術センター　漁業生産部　海洋資源科長　学士（水産）

1969年生まれ。島根県出身。マダイ種苗生産、漁具開発、ワカサギ、シラウオ、アユの資源生態研究等に従事。今回の執筆では、子供の頃に大橋川や佐陀川でワカサギ釣りを楽しんだことや、釣ったワカサギを母が漬け焼きにしてくれたことなど、懐かしい思い出が蘇りました。宍道湖のワカサギ漁が途絶えてから、既に四半世紀以上が経過してしまいました。いつの日か宍道湖のワカサギ漁が再興されることを願っています。

明田川貴子　あけたがわ・たかこ

佐賀県有明海再生・自然環境課　主査

1986年生まれ。東京都出身。長崎大学大学院水産学専攻博士前期課程修了。有明水産振興センター配属時に、ノリ養殖や内水面養殖の普及・研究に取り組む。ワカサギが地域活性化のきっかけとなればと思います。

5章

真野修一　まの・しゅういち（前出）
柿沼清英　かきぬま・きよひで

一般社団法人日本釣用品工業会　第一事業部　部長

1969年生まれ。東京都出身。一般社団法人日本釣用品工業会において、つり環境ビジョンコンセプトに基づくLOVE BLUE 事業の2013年の創設から運営全般に至るまでを担う実務責任者。LOVE BLUE 事業の内水面釣り場拡大事業（ワカサギ）を全国各地の皆様に積極的にご活用頂き、地域経済の活性化、内水面漁業の振興、釣り場・釣り人口の拡大につながるよう事業内容と支援実績をお伝えします。

わかさぎを読む

2024年4月30日　第1刷発行

著者 ――――― 増田賢嗣

発行者 ―――― 岡 健司

発行所 ―――― 株式会社生物研究社

〒108-0073　東京都港区三田2-13-9
TEL 03-6435-1263
FAX 03-6435-1264
https://seibutsu-study.net/

デザイン ――― キガミッツ（森田恭行／森田龍）

印刷・製本 ―― 株式会社北斗社

落丁・乱丁本はお取り替え致します。
ISBN 978-4-909119-41-4　Printed in Japan